U0908773

高强度钢超高周疲劳性能

——非金属夹杂物的影响

Very High Cycle Fatigue Properties of High Strength Steels

——Effects of Nonmetallic Inclusions

李守新　翁宇庆　惠卫军　杨振国　著

北　京
冶 金 工 业 出 版 社
2010

内容提要

本书重点介绍了国家重点基础研究发展规划项目(973)——“提高钢铁质量和使用寿命的冶金学基础研究”所属课题“长疲劳寿命机械制造用高强度钢的研究”部分的研究成果和开发的技术。

本书重点从夹杂物尺寸的角度深入探讨了其对高强度钢超高周疲劳性能的影响规律。本书共分9章:第1章阐述了近年来材料疲劳研究的概况,特别阐述了对高强度钢开展超高周疲劳研究的必要性;第2章简要介绍了钢中非金属夹杂物的来源、种类、评定方法及对力学性能的影响;第3章综述了超高周疲劳的实验方法及研究进展;第4章给出了临界夹杂尺寸的估计方法并与实验作了对比;第5章探讨了夹杂物尺寸大小如何影响高强度钢超高周 *S-N* 曲线的形状;第6章对高强度钢的超高周疲劳强度及寿命与夹杂物尺寸的关系,提出了新的表达式;第7章介绍了氢对高强度钢超高周疲劳性能的影响;第8章介绍了如何评定钢中的夹杂物尺寸;第9章总结了研究的经验与收获,并提出了研究的新课题和方向。

本书可供从事钢铁及其他金属材料机理、材料性能、材料制备以及机械装备制造的研究人员、设计与研发人员、生产人员阅读,也可供大专院校相关专业的师生参考。

图书在版编目(CIP)数据

高强度钢超高周疲劳性能:非金属夹杂物的影响/李守新等著.
—北京:冶金工业出版社,2010.5
ISBN 978-7-5024-5255-1

Ⅰ.①高…　Ⅱ.①李…　Ⅲ.①高强度钢—疲劳寿命—研究
Ⅳ.①TG142.7

中国版本图书馆 CIP 数据核字(2010)第067972号

出 版 人　曹胜利
地　　址　北京北河沿大街嵩祝院北巷39号,邮编100009
电　　话　(010)64027926　电子信箱　postmaster@cnmip.com.cn
责任编辑　王雪涛　张　卫　美术编辑　李　新　版式设计　孙跃红
责任校对　王贺兰　责任印制　牛晓波
ISBN 978-7-5024-5255-1
北京百善印刷厂印刷;冶金工业出版社发行;各地新华书店经销
2010年5月第1版,2010年5月第1次印刷
169 mm×239 mm;10.25印张;179千字;150页
39.00元

冶金工业出版社发行部　电话:(010)64044283　传真:(010)64027893
冶金书店　地址:北京东四西大街46号(100711)　电话:(010)65289081

前言

钢铁材料是创造现代文明的基础材料,足够数量的优质钢铁材料是世界各国实现工业化的必要条件。20世纪钢铁生产技术高速发展,形成了自动化程度很高的大规模生产流程。由于具有综合性能优异、价格低廉、资源丰富、环境友好、可循环利用等其他材料不可比拟的优势,钢铁材料仍将在21世纪占据主导地位。近年来,随着航空、航天、机械、交通和航海等行业的快速发展,对机械制造用高强度钢铁材料提出了新的要求和挑战,要求其不但具有高强度,而且还具有高的安全性和可靠性。

新一代钢铁材料是以细晶为核心并以高洁净度和高均质性三个主要特征共同构成高性能结构材料。通过前期国家重点基础研究发展规划项目(973)“新一代钢铁材料重大基础研究”(1998~2003年,首席科学家:翁宇庆)的施行,我国相关科技人员对超细晶钢的组织细化与控制技术有了深入的认识,并取得了实际的经济与社会效益。除细晶特征对钢的性能具有重要影响外,高洁净度和高均质性对钢的性能也同样十分重要。非金属夹杂物(以下简称夹杂物)的减少则是提高钢洁净度和均质性的关键之一。夹杂物对钢质量的影响是十分巨大的。钢中夹杂物的危害性就在于它破坏了钢基体的均匀连续性,造成了应力集中,能够促进疲劳裂纹的产生,并在一定条件下加速裂纹的扩展速率,从而加速了疲劳破坏的过程。尤其是在高强度钢超长寿命疲劳实验中的长寿命阶段,大部分疲劳断裂起源于钢中的夹杂物,即夹杂物等内部缺陷的影响更为显著。因此,要提高机械制造用钢的强度水平和实现长寿命化,就必须合理控制由钢中夹杂物等内部缺陷所引起的这种疲劳破坏。

我国从1996年起,已经跃居为世界第一产钢大国,但高强度钢的质量，还需要继续提高。同时，我国工业的快速发展，对机械设备与构件的可靠性要求越来越高，因此，对改善机械制造用高强度钢的超高周疲劳性能的要求也越来越迫切。正是在这样的背景下，国家重点基础研究发展规划项目(973)“提高钢铁质量和使用寿命的冶金学基础研究”(2004～2009年，首席科学家：翁宇庆)开展了“长疲劳寿命机械制造用高强度钢的研究”(编号2004CB619104，由钢铁研究总院和中科院金属研究所承担课题的研究工作)，较为系统地研究了钢中夹杂物、基体组织及环境因素对高强度钢高周特别是超高周疲劳破坏行为的影响规律，并对超高周疲劳的断裂机制进行了探索。本书即是在上述研究工作的基础上，结合国际、国内同行的研究成果，着重从夹杂物尺寸的角度探讨了其对高强度钢超高周疲劳性能的影响。

本书分为9章，前3章是基础知识与背景介绍。第1章主要讲疲劳研究概况，指出了对高强度钢开展超高周疲劳研究的必要性。第2章简要介绍钢中非金属夹杂物的来源、种类、评定方法及对疲劳性能的影响。第3章讲述超高周疲劳实验方法及最近的进展。

第4～8章则主要介绍了在国家重点基础研究发展规划项目资助下，我们经过几年研究获得的一些成果。

第4章主要研究了临界夹杂物尺寸问题。因为材料生产者和装备制造者需要了解，钢中夹杂物尺寸多大才不会引起钢的疲劳破坏而降低钢的服役寿命，这对机械制造用钢的制备与使用都是很有用的信息。本书给出了临界夹杂尺寸的估计方法并与实验作了对比。

第5章则探讨了夹杂物尺寸大小对高强度钢超高周 *S-N* 曲线形状的影响。将连续下降型、台阶型和疲劳极限型的 *S-N* 曲线形状与夹杂物尺寸由大到小建立了一定的联系。

第6章则是根据大量实验与理论分析，对高强度钢的超高周疲劳强度与夹杂物尺寸的关系，提出了新的表达式。随后对高强度钢超长疲劳寿命与夹杂物尺寸的关系也提出了新的表达式。这样，对经过工艺改进，降低夹杂物尺寸后预期如何提高高强度钢的疲劳强度与寿命，就获得了较为明晰的认识。

第7章则是对氢是如何影响高强度钢的超高周疲劳性能，根据实验做了归纳。在冶炼、热处理与使用中，高强度钢构件往往受到环境中氢的影响；而在超长寿命疲劳中，夹杂物附近的氢往往起到重要作用。这样，无论从高强度钢的安全应用还是疲劳机制的研究来看，了解氢含量对高强度钢超高周疲劳行为的影响都是很有必要的。本章的主要工作是研究了氢含量与夹杂尺寸对疲劳性能的影响，并给出了定量的关系。

第8章试图解决的问题是，既然大尺寸的夹杂物对疲劳性能有重要影响，那么就需要评定一定体积的钢中最大夹杂物尺寸。本章介绍了常规的标准检验方法，并指出，这种方法测定的夹杂尺寸与由疲劳断口上裂纹源处测定的夹杂物尺寸相比往往过小，也就无法给出疲劳强度的合理预测。需要借助统计方法来推断，因而介绍了两种统计方法，并从实验上验证其对疲劳强度预测的适用性。

第9章首先介绍了本课题组对高强度钢长疲劳寿命化进行探索的经验与收获；其次对以后需要继续研究与注意的问题作了简要介绍，期望能引起更多研究者的关注，并深入研究和解决这些问题。

本书可供钢铁及其他金属材料机理、材料性能、材料制备以及机械装备制造行业的研究人员、设计与开发人员、生产人员阅读，也可供大专院校相关专业的师生参考。

由于高强度钢的超高周疲劳研究是近几年才广泛开展起来的，我们的研究经验不足，学识有限，研究工作中会有疏漏或考虑不周之处，欢迎读者交流探讨。真理只有在不断的实践中探索、检验和修正，才可能逐步得到真谛。

作　者
2010年1月

目 录

1 高强度钢超高周疲劳研究背景

合金结构钢是钢铁产品中一类主要产品,在机械零件和工程构件中使用量大、应用面广。近年来,国民经济各部门对合金结构钢提出了更高强度、更高安全性、长寿命和低成本的迫切要求[1]。而磨损、腐蚀和断裂是机械零件和工程构件的三种主要破坏形式,也是这些零件和构件失效的三种主要原因。在机械零部件中,每年因磨损和腐蚀而造成的经济损失都是十分可观的。然而材料断裂破坏因其常突然发生,导致灾难性的设备事故和人身事故,所以断裂破坏更为工程界所重视。在机械的断裂事故中,绝大部分是由于钢的疲劳引起的[2]。因此,疲劳破坏是阻碍机械制造用钢进一步高强度化和长寿命化的主要原因之一,具有优异的抗疲劳破坏性能的高强度钢铁材料是当今机械制造领域追求的材料之一。

对于高强度钢的定义,目前还没有统一与严格的界定。业界有这样的认识,**高强度钢**其强度、韧性综合性能应该较好,抗拉强度一般在 1200 MPa 以上;而**超高强度钢**其抗拉强度在 1500 MPa 以上。本书为了叙述简便,不再将二者区别。

钢铁材料一般随着抗拉强度的提高,其疲劳强度也提高。但是当钢的强度级别提高到一定程度,比如抗拉强度达到约 1250 MPa 时,其疲劳强度就往往不会随着抗拉强度的提高而不断提高,即使提高,也是比较有限的。人们已经认识到,钢中的夹杂物在这里是非常大的影响因素,尤其是在超长寿命疲劳(也称超高周疲劳)实验中的长寿命阶段,大部分疲劳断裂起源于钢中的夹杂物,即夹杂物等内部缺陷的影响更为显著[3~13]。

为了较全面地了解人们对高强度钢超长疲劳寿命研究的概况,首先要了解一下有关疲劳的基础知识。

1.1 疲劳分类

工程中很多机件和构件都是在变动载荷下工作的,如曲轴、连杆、弹簧、轧辊、航空发动机及汽轮机叶片、水轮机转轮及桥梁等,疲劳破坏是其主要的失效形式。据统计,疲劳破坏在整个失效件中约占 50% ~90%,极易造成人身伤害和经济损失,危害性极大。特别是 20 世纪 80 年代以来,随着机器向高温、高速和大型化方向发展,机械构件的工作应力日趋提高,工作环境日趋恶劣,疲劳破坏事故层出不穷。因此,材料抗疲劳性能的研究仍然是当前科学研究和工程应用研究领域的一个重要课题。疲劳破坏由于受外加应力、应变的波动变化和周围环境的影响,表现为不同的形式。按照不同的标准对疲劳的分类如下所述:

(1) 疲劳按研究对象可以分为**材料疲劳**和**结构疲劳**。材料疲劳主要研究材料的疲劳失效机理、化学成分和微观组织对材料疲劳强度的影响等。结构疲劳则以零部件、连接件以至整机为研究对象,研究它们的疲劳性能、抗疲劳设计方法、寿命估算方法和疲劳实验方法等。

(2) 按加载应力状态可以分为**单轴疲劳**和**多轴疲劳**。**单轴疲劳**是指单向循环应力作用下的疲劳,包括只承受单向拉 - 压循环应力的拉 - 压疲劳、弯曲循环应力的弯曲疲劳和扭转循环应力的扭转疲劳等;**多轴疲劳**则指在多向应力作用下的疲劳,也称为**复合疲劳**。

(3) 按载荷变化情况可以分为**恒幅疲劳**、**变幅疲劳**和**随机疲劳**。

(4) 按载荷工况和工作环境又可以分为**机械(常规)疲劳**、**蠕变疲劳**、**热机械疲劳**、**腐蚀疲劳**、**滑动/滚动接触疲劳**、**微动疲劳**、**冲击疲劳**等。

(5) 目前,大多数研究工作是按照疲劳失效前所经历的循环周次来划分的,分为**低周疲劳**(low cycle fatigue)、**高周疲劳**(high cycle fatigue)和**超高周疲劳**(very high cycle fatigue 或者 ultra-high cycle fatigue)。

1) **低周疲劳**:通常指失效循环数低于 10^4 ~ 10^5 周次的疲劳。其特点是作用于构件的应力水平高于材料的弹性极限,试样处于塑性状态,应力和应变曲线呈非线性关系。低周疲劳实验一般都采用轴向拉 - 压疲劳实验,实验过程采用应变幅控制,描述方式主要为应变 - 寿命曲线和循环应力 - 应变曲线。

2) **高周疲劳**:通常指失效循环数范围在 10^5 ~ 10^7 周次之间的疲劳,又称为高循环疲劳。高周疲劳实验时,加载应力相对比较低,试样处于弹性范围,应力和应变呈正比关系。高周疲劳大都采用应力幅控制,因此高周疲劳又被称为应力疲劳,描述方式主要为应力 - 寿命曲线,即 S-N 曲线。

3) **超高周疲劳**:通常指疲劳破坏循环数大于 10^7 周次的疲劳,又称为超长寿命疲劳(ultra-long life fatigue 或者 super-long life fatigue)或十亿周(10^9 周次)**疲劳**(giga-cycle fatigue),其加载应力通常较高周疲劳时更低。

传统疲劳研究由于受实验条件和实验设备加载频率等的限制,循环周次常限于 10^7 以内。近年来,随着航空、航天、汽车、高速列车、轮船和核电等工业部门的快速发展,其中一些重要工程构件,经受的疲劳循环已经达到 $10^8 \sim 10^{10}$ 周次甚至更高。因此,材料在 10^7 周次以上超长寿命下的疲劳行为开始引起研究人员和工程技术人员的重视。传统疲劳研究认为,钢铁材料在 10^7 循环周次附近往往存在一个疲劳极限,加载应力幅低于该疲劳极限,材料将不会发生疲劳破坏,即材料有无限寿命。然而,目前的研究结果表明,材料在 10^7 周次以上超高周范畴内仍然发生疲劳断裂,并且加载应力幅可能远低于传统的疲劳极限[3~15]。其疲劳断裂机理与传统疲劳破坏的机理有所不同,在超长寿命区,材料的疲劳断裂主要起源于材料内部。因此,基于机械构件设计可靠性和安全性的需要,材料的超高周疲劳行为研究成为目前一个重要的热点。

1.2 传统疲劳研究的发展概况

材料的疲劳是指材料在循环载荷作用下的损伤和破坏。1964 年国际标准化组织把疲劳定义为:“金属材料在应力或者应变的反复作用下所发生的性能变化叫做**疲劳**”[16]。

关于金属疲劳的最初研究是由德国矿业工程师 Albert 在 1829 年前后完成的[16]。对疲劳现象最先进行系统实验研究的是德国学者 Wöhler,他在 1860 年前后比较系统地论述了疲劳寿命与循环应力的关系,提出了 ***S-N* 曲线**(**即应力 - 寿命曲线**)和疲劳极限的概念,确定了应力幅是疲劳破坏的主要因素,为金属材料的疲劳研究奠定了基础[16]。随后,金属的疲劳引起了广大研究工作者和工程技术人员的兴趣。Ewing 等人[17,18]在 1900 年前后通过铁的疲劳研究使人们摒弃了晶化理论对疲劳机制的解释,说明疲劳破坏起源于材料晶粒内部的滑移带。Basquin[19]在 1910 年提出了描述金属疲劳 *S-N* 曲线的经验规律,指出应力与疲劳循环数的双对数图在很大的应力范围内表现为线性关系。Bauschinger 早在 1886 年验证 Wöhler 的疲劳实验时,发现了在循环载荷下弹性极限降低的“循环软化”现象,引入了应力 - 应变滞后回线的概念[16]。Bairstow[20]在 1910 年对金属循环硬化和软化的早期研究中也作出了重要的贡献,他通过多级循环实验和测量滞后回线,给出了有关形变滞后的研究结果,并指出形变滞后与疲劳破坏的关系。这一时期还有很多人做出较大贡献。在 20 世纪二三十年代,疲劳已发展成为一个重要的科学研究领域。这一时期的研究工作主要集中于金属的腐蚀疲劳、疲劳破坏的累积损伤模型、单向形变和循环形变的缺口效应、变幅疲劳及材料强度的统计理论[16]。

20 世纪以来,光学显微镜和电子显微术的发展,促进了人们对传统疲劳破坏微观机制的研究。20 世纪中期，Thompson 等人[21]的研究表明，已经产生滑移带的金属疲劳试样表面在去除一层后，若继续疲劳，有些滑移带还会在原位出现，它们据此提出了驻留滑移带(persistent slip band，PSB)的概念，并确认局部应变集中区的驻留滑移带是产生疲劳微裂纹的先兆。同期，Zappfe 和 Worden[22]在疲劳断口上第一次观察到一种特殊的条痕，它是疲劳裂纹扩展时在断裂面上留下的痕迹，即目前所称的疲劳辉纹。

塑性应变造成损伤的理论是由 Coffin[23]和 Manson[24]建立的，他们通过研究由于热受载和高应力幅载荷引起的疲劳问题，各自独立提出了发生疲劳破坏时的载荷反向次数同塑性应变幅的经验关系，即 Coffin-Manson 关系式，它是一种应用最为广泛的根据应变描述疲劳的方法，从而奠定了低周疲劳的基础。1963 年，Paris 等人[25]在断裂力学方法的基础上，提出了表达裂纹扩展规律的著名关系式——Paris 公式，给疲劳研究提供了一个估算裂纹扩展寿命的新方法，在此基础上发展出了损伤容限设计，从而使断裂力学和疲劳这两门学科结合起来。

从材料疲劳微观机制讲，塑性变形引起的形变局部化及形变不可逆性是疲劳破坏的主要特点。因此对低周疲劳破坏，因为整个试样标距区都可能经历塑性形变，因而塑性形变局部化自然会起主要作用。而对于高周与超高周疲劳，虽然试样宏观上往往处于弹性形变，但微观的局部缺陷区，仍有可能经历塑性形变，因而引起微裂纹的萌生，最终引起疲劳破坏。

在过去一百多年的时间里，广大科研人员对材料传统疲劳性能研究的发展做出了重大贡献，并且材料的抗疲劳性能已经成为机械构件和工程结构设计的一个重要指标。但是，随着新材料和新的工程问题的出现，人们对疲劳问题的研究还远没有结束。

1.3 高强度钢超高周疲劳研究必要性

如前所述，一些重要工程部件如发动机部件、汽车承力运动部件、铁路轮轴和轨道、飞机、海岸结构、桥梁、特殊医疗设备等，往往承受高频低应力幅循环载荷作用，实际的疲劳使用寿命要求已经超过了 10^7 循环周次，甚至已经达到了 10^{10}循环周次，见表 1-1。10^9 周次相当于日本高速列车新干线轮轴系统运行 10 年，一台以 3000 r/min 速度运行的涡轮发动机在 20 年服役期内要经历约 10^{10}次应力循环。目前我国大力发展的高速轨道交通的轮轴系统 1 年就有可能经历 10^8 周次的循环载荷。

表 1-1 不同结构件及其需承载的疲劳寿命

Table 1-1 Different structures and components and their fatigue lives

部件名称	涡轮发动机	新干线轮轴	轿车轮轴	蒸汽涡轮叶片	生物医学用不锈钢管	直升机涡轮
服役期限	20 年	10 年	3×10^5 km			5000 h
寿命要求/周次	10^{10}	10^9	3×10^8	10^{11}	5×10^{10}	10^9

在这种情况下，传统的疲劳性能研究已经不能满足发展的需要，所以迫切需要研究这类材料在超长寿命阶段的疲劳行为。事实上，对于高强度钢，仍有部件和结构在超过 10^7 周次和低于传统疲劳极限的应力水平下发生疲劳破坏[14,15]。

我们对商业弹簧钢 60Si2CrVA、60Si2MnA 100 个高周和 100 个超高周疲劳断口的统计结果表明，在高周疲劳断裂的断口上（疲劳寿命 N_f 在 $10^5 \sim 10^7$ 循环周次），约有 40% 是从夹杂物处开裂；而在超高周疲劳断裂的断口上（疲劳寿命 N_f 在 $10^7 \sim 10^9$ 循环周次），增加到约 70% 是从夹杂物处开裂的（见图 1-1）。这说明，对于超高周疲劳（$N_f > 10^7$ 周次），内部缺陷特别是夹杂物引起的疲劳断裂显著增加。

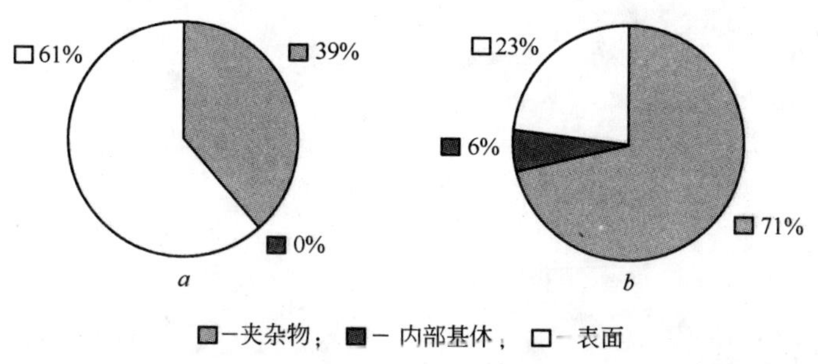

图 1-1 商用弹簧钢 60Si2CrVA 和 60Si2MnA 疲劳断口裂纹起源特性统计

a—100 个高周疲劳断口，$10^5 < N_f < 10^7$；b—100 个超高周疲劳断口，$10^7 < N_f < 10^9$

Fig. 1-1 Statistics of crack initiation site features at fatigue fracture surfaces under high cycle fatigue and very high cycle fatigue for commercial spring steels 60Si2CrVA and 60Si2MnA

a—100 crack initiation sites for high cycle fatigue, $10^5 < N_f < 10^7$;

b—100 crack initiation sites for very high cycle fatigue, $10^7 < N_f < 10^9$

材料的超高周疲劳（VHCF）是国际疲劳界的一个研究热点，已先后于 1998 年在法国巴黎、2001 年在奥地利维也纳、2004 年在日本东京、2007 年在美国密歇根召开了四届国际会议，而第五届将于 2011 年在德国柏林召开。目前，超高频率加速疲劳实验系统已先后在欧洲、日本和美国等地的大学和研究机构建成并开展了大量的研究工作,每年均有相当数量的研究成果发表。大量的研究成果已经开始在高速列车、航空、航天和汽车等工业领域获得应用,并给现有的疲劳设计规范和疲劳破坏机制的理解带来全新的概念[26]。这其中,研究最为广泛与深入的就是高强度钢的超高周疲劳。我国近年来由于国民经济的高速发展,以及世界经济危机引起的产品质量的竞争,对高强度钢的超高周疲劳性能的提高具有更迫切的要求。

2 钢中非金属夹杂物

钢中夹杂物可分为**金属夹杂物**和**非金属夹杂物**两大类。金属夹杂物也称为**异形金属**,它是外来未熔金属所造成的夹杂物。钢中金属夹杂物的形成原因是多方面的,如在炼钢过程中加入的铁合金数量较多或者那些熔点较高的难熔铁合金加入后未能全部熔化而残留在钢中,就形成钢中的金属夹杂物。钢中的金属夹杂物多系偶然的外来因素造成的,因此只要采取有效措施是可以避免的。

通常所说的夹杂物主要是指钢中的非金属夹杂物。在冶炼和浇注凝固过程中产生或混入钢中,经加工或热处理后仍不能消除的,与钢基体无任何联系而独立存在的氧化物、硫化物、氮化物等非金属相,统称为**非金属夹杂物**,简称**夹杂物**。钢中非金属夹杂物主要是铁、锰、铬、铝、钛等金属元素与氧、硫、氮等形成的化合物,其中氧化物主要是脱氧产物。

钢中的非金属夹杂物会破坏钢基体的连续性,使钢的组织和性能的不均匀性增加,品质降低。对钢中非金属夹杂物的研究和控制是当前各国冶金界的最主要课题之一。非金属夹杂物对质量的影响是个极其复杂的问题。夹杂物的类型、形态、含量、尺寸和分布都会影响钢的性能。在目前钢的冶炼工艺技术条件下,它是钢中不可避免的一种必然组分。多年来,许多冶金工作者对钢中非金属夹杂物的形成、大小、数量、在钢中的分布及其对钢性能的影响进行了大量的研究。

2.1 钢中非金属夹杂物的来源与种类

2.1.1 非金属夹杂物的来源

非金属夹杂物的来源主要有两个方面,即**内生夹杂物**和**外来夹杂物**。前者包括在熔化和凝固时钢液中各种元素由于温度以及化学、物理条件的变化而发生化学反应所形成的夹杂物;而后者包括炉渣、耐火材料或其他材料与钢液机械复合所形成的夹杂物。

概括来讲,钢中非金属夹杂物的来源主要包括:

(1) 原材料带入的杂物。炼钢所用材料如钢铁材料和铁合金中的杂质、铁矿石中的脉石以及固体材料的泥沙等,都可以被带入钢液中而形成夹杂物。

(2) 冶炼和浇注过程中的反应产物。钢液在炉内冶炼、包内镇静及浇注过程中生成而未能排除的反应产物,残留在钢中便形成了夹杂物。这是钢中非金属夹杂物的主要来源。

(3) 耐火材料的侵蚀物。炼钢用的耐火材料中含有镁、硅、钙、铝、铁的氧化物。生产中,钢液与耐火材料接触,或多或少要将耐火材料侵蚀掉一些进入钢液而成为夹杂物。这是钢中 MgO 夹杂的主要来源。

(4) 乳化渣滴夹杂物。除电弧炉偏心炉底出钢外,出钢过程中渣、钢混出是经常发生的,有时为了进一步脱氧、脱硫,也希望渣、钢混出。如果镇静时间不够,渣滴来不及分离上浮,就会残留在钢中,成为乳化渣滴夹杂物。

另外,出钢和浇注过程中,炉盖、出钢槽、钢包和浇注系统吹扫不干净,各种灰尘微粒的机械混入,将成为钢中大颗粒夹杂物。

2.1.2 非金属夹杂物的种类

目前,最常见的是按照非金属夹杂物的组成、性能、来源和大小进行分类[27~31]。

2.1.2.1 按组成分类(化学分类法)

A 氧化物系夹杂物

氧化物系夹杂物包括简单氧化物、复杂氧化物、硅酸盐和固溶体。

(1) **简单氧化物**。常见的有 FeO、Fe_2O_3、MnO、SiO_2、Al_2O_3、TiO_2 等。用硅铁和铝脱氧的镇静钢中,就能见到 SiO_2 和 Al_2O_3 夹杂物。

(2) **复杂氧化物**。包括尖晶石类夹杂物和钙的铝酸盐两种。

1) 尖晶石类氧化物用 $MeO \cdot R_2O_3$ 表示。Me 代表二价金属,如 Fe、Mn、Mg 等,R 为三价金属,如 Fe、Al、Cr 等。这类夹杂物因具有尖晶石 $MgO \cdot Al_2O_3$ 的八面晶体结构而得名。常见的有 $FeO \cdot Al_2O_3$、$MnO \cdot Al_2O_3$ 等铝尖晶石(多出现于镇静钢中),$FeO \cdot Cr_2O_3$、$MnO \cdot Cr_2O_3$ 等铬尖晶石(常见于含铬的合金钢中)等。

2) 钙(还有钡等)虽然也是二价金属元素,但因离子半径大(比 Fe、Mn、Mg 等离子半径大 20% ~30%),所以它的氧化物不是尖晶石结构,而形成钙的铝酸

盐 $CaO \cdot Al_2O_3$。**钙的铝酸盐**是碱性炼钢中最为常见的夹杂物。它是钢中的铝与悬浮在钢液中的碱性炉渣的反应产物,或是用含钙合金和铝共同脱氧的产物。

(3) **硅酸盐**。这类夹杂是由金属氧化物和二氧化硅组成的复杂化合物,化学通式可写成 $l\mathrm{FeO} \cdot m\mathrm{MnO} \cdot n\mathrm{Al_2O_3} \cdot p\mathrm{SiO_2}$,其成分复杂。这类夹杂物与被侵蚀下来的耐火材料、裹入的炉渣及钢流的二次氧化有关。硅酸盐类夹杂物一般颗粒较大。

(4) **固溶体**。氧化物之间还可以形成固溶体,最常见的是 FeO-MnO,常以 (Fe, Mn)O 表示,称为含锰的氧化铁。

B 硫化物系夹杂物

为避免热脆,钢中往往加入一定量的 Mn,用高熔点的 MnS 取代低熔点的 FeS。一般情况下,钢中的硫化物主要是 FeS、MnS 和它们的固溶体。在多数钢中,硫化物是比氧化物更重要的夹杂物。因为,在一般情况下钢的氧含量在 0.004% 以下,而硫的含量则在 0.03% 左右。根据钢的脱氧程度及残余脱氧元素的含量不同,硫化物在固态钢中有三类不同的形态:

(1) 用硅铝脱氧且脱氧不完全时,硫化物或硫氧化物呈球形任意分布在固态钢中。

(2) 用铝完全脱氧,但过剩铝不多时,硫化物以链状分布在晶界处。

(3) 当用过量的铝脱氧时,硫化物呈不规则外形任意分布在固态钢中。

其中,对钢的热脆性影响最大的是第二类,第一类影响最小。

C 氮化物系夹杂物

一般情况下,钢液的氮含量不高,因而钢中的氮化物夹杂较少。但是,若钢液中含有铝、钛、铌、钒、锆等与氮亲和力较大的元素时,在出钢和浇注过程中,钢流会吸收空气中的氮而使氮化物夹杂数量显著增多。

通常,将基本不溶于奥氏体并存在于钢中的氮化物才视为夹杂物,如 TiN。至于 AlN,一般是在钢液结晶时才析出的,颗粒细小,它在钢中具有许多良好的作用,故一般不视为夹杂物。

2.1.2.2 按照加工变形后夹杂物的形态分(轧钢分类法)

在热加工温度下,夹杂物具有不同的塑性,故钢经过加工变形后,夹杂物将呈不同的形态。可分为三类:

(1) **塑性夹杂物**。热加工时塑性好,形变能力强,热加工后成条带状。这类夹杂物包括 FeS、MnS 及含 SiO_2 较少的低熔点硅酸盐等。

(2) **脆性夹杂物**。热加工时塑性差,形变能力弱,沿热加工方向破碎成串。包括尖晶石类复合氧化物以及钒、钛、锆的氮化物等高熔点、高硬度的夹杂物。

(3) **不变形夹杂物**。在热加工中,有的夹杂物保持原有球形(或点状)不变,而钢基体围绕其流动。这类夹杂物称为球形(或点状)不变形夹杂。包括 SiO_2、含 SiO_2 大于70%的硅酸盐、钙的硅铝酸盐以及高熔点的硫化物(CaS)等。

2.1.2.3　按夹杂物来源分(炼钢分类法)

A　外来夹杂物

在冶炼和浇注过程中混入钢液并滞留其中的耐火材料、熔渣或两者的反应产物以及各种灰尘微粒等称为外来夹杂物。它们颗粒较大,外形不规则,在钢中出现带有偶然性,分布无规律。

B　内生夹杂物

在脱氧和钢液凝固时生成的各种反应产物,主要是氧、硫、氮的化合物。根据形成的时间不同,可分为四种:

(1) 一次夹杂物。冶炼过程中生成并滞留钢中的脱氧产物、硫化物和氮化物为一次夹杂物,也称原生夹杂。

(2) 二次夹杂物。出钢和浇注过程中,由于钢液温度降低,导致平衡移动而生成的夹杂物,称二次夹杂。

(3) 三次夹杂物。钢液在凝固过程中,因元素的溶解度下降引起平衡移动而生成的夹杂物。

(4) 四次夹杂物。固态钢发生相变时,因溶解度发生变化而生成的夹杂物。

从数量来说,内生夹杂物主要是一次和三次夹杂物。相对于外来夹杂,内生夹杂的分布较均匀,颗粒较细小,且形成时间越迟,颗粒越细小。

当然,实际钢中夹杂物有时很难分出是外来的还是内生的,因为有一个相互反应过程。

2.1.2.4　按夹杂物尺寸分(金相分类法)

A　宏观夹杂物

尺寸大于100 μm 的夹杂物,用肉眼或放大镜可以观察到,主要是外来夹杂物;钢液的二次氧化也是大型夹杂物的主要来源。一般情况下,大型夹杂物数量不多,但对钢的质量却影响很大。

B 微观夹杂物

尺寸在1 ~100 μm的夹杂物,因为只有用显微镜才能观察到,故也称显微夹杂物。一般认为,钢中显微夹杂物的数量与脱氧后钢中的溶解氧含量有很好的对应关系,因此往往认为显微夹杂物主要是二次和三次夹杂物。

C 超细微夹杂物

尺寸小于1 μm的夹杂物。钢中超细微夹杂物主要是三次和四次夹杂物。一般认为该类夹杂物数量虽多,但对钢性能的影响不大。有人也把钢中夹杂物尺寸小于1 μm时称为零夹杂。

2.2 钢中非金属夹杂物的测量与评定

钢中非金属夹杂物对钢的疲劳性能有重要的影响,尤其是在超高周疲劳实验中,试样的疲劳断裂大部分起源于钢中的夹杂物。所以,准确检测钢中的非金属夹杂物对冶金生产和工程应用都有着非常重要的意义,可以帮助评估钢材冶金质量和预测钢制零部件在使用过程中的潜在危险。

目前,检测钢中非金属夹杂物的主要方法有:金相法、无损检测法、夹杂物浓缩检测法、疲劳实验检测法和统计方法等。

2.2.1 金相法

金相法是判定钢中夹杂物含量的传统方法,最常见的有图表法[32]。随着计算机自动控制图像分析系统的应用,可定量得到非金属夹杂物的特征,即不仅可以测量夹杂物的大小和数量,也可以定量确定其分布。

这种方法的优点是比较简单方便[33]。但是这种方法存在的不足主要是:给出关于夹杂物形貌的信息太少,分析过程耗时且结果受试样制备过程的影响较大[34,35]。另外,对于夹杂物含量较少的钢来说,需要测量的视场面积往往很大,而对于洁净钢和超洁净钢来讲,这种方法就更不适合[36]。但目前这种方法为标准检测方法,在实际冶金生产的质量控制方面仍发挥着巨大的作用,因此应该对其有一定的了解,详见第8章。

2.2.2 无损检测法

目前常用的无损检测法有：超声波检测法、磁性检测法和 X 射线衍射检测法等。

（1）超声波检测法。这种方法是根据基体和缺陷声学性能的不同而得到的[37~41]。目前能探测到的缺陷范围是尺寸大于 100 μm。此方法的主要优点是可以进行大体积检测及非损伤性。

传统上的探测频率较低，一般低于 10 MHz，因而它就无法检测出尺寸较小的缺陷，例如尺寸为 50 ~100 μm 的缺陷就无法探测到。随着高频超声波探测技术的发展，探测频率为 30 ~ 100 MHz 的探头逐渐得到应用，因而尺寸小于 100 μm 的缺陷也能被检测到。然而随着频率的提高，虽然可探测到较小的缺陷，但是探测深度同时也大大减小。因而这种方法的不足之处是检测越精确，能检测的范围就越小，同时其探测的结果受表面质量及构件的均匀性影响很大。

（2）磁性检测法。这种方法主要用于冷轧厚板、热轧带的内部探伤[42,43]。其原理是当在铁磁体材料近表面处出现不连续，如有夹杂物或缺陷，那么就会产生一个漏磁通量。这种方法的不足之处是只对延展性夹杂物敏感，同时当延展性夹杂物的延展超过某一定值时，对磁场的影响又很小。此外，太小的夹杂物不容易被检测到[44,45]。

（3）X 射线衍射检测法。这种方法只是把夹杂物的图像放大接收，通常可以放大 5 ~10 倍[46,47]。它的不足之处是很难区分孔洞和夹杂物。另外，检测工作量大，费用高也是其不足之处。

2.2.3 夹杂物浓缩检测方法

洁净钢中夹杂物的含量低，这就意味着在抛光表面处可观测到的夹杂物数量是有限的。这样为了得到统计结果，就不得不进行大量的观测，工作量就非常大。为了解决这个问题，发展了夹杂物浓缩检测方法。这种方法可以把小块样品中的夹杂物集中到一个小面积里，这样夹杂物就更容易被检测到。近年来发展了两种方法：电子束熔炼法[48~50]和冷坩埚重熔法[51,52]。

住友公司的 Hagiwara 等[53]采用由 Nuri 等最初研制的电子束熔炼设备（EB 法）。这个系统可以有效地评定钢的体积纯洁度。该系统由熔炼试样设备和定性及定量分析夹杂物设备两部分组成。将金属试样放到真空室中的水冷铜质炉子上，并用电子束辐照熔化，夹杂物上浮并在试样顶端聚集。然后，用 SEM 和图像分析仪分析评定夹杂物。

此外,神户制钢经过多年的研究,确立了采用酸溶解法来精确地评定钢中夹杂物的组成和尺寸的技术[54]。它是利用温硝酸作为溶剂。由于富 Al_2O_3 的夹杂物大部分不溶解,可作为残渣提取出来,利用 X 射线微区分析仪(XMA)进行分析,按其成分和尺寸大小分组计数。这种新的夹杂物评定方法的优点是能够检测出与疲劳断口上观察到的夹杂物具有相同的组成、形状及尺寸。

应当指出的是,上述方法(酸溶解法、EB 法)对富 Al_2O_3 等高熔点夹杂物是有效的,但对硅酸盐等低熔点夹杂物的评定结果并不理想[36]。这些方法的另一个缺点是设备较为昂贵。

2.2.4 疲劳实验检测方法

疲劳实验是检测钢中非金属夹杂物尺寸很准确的一种方法。我们知道,在一定的加载应力水平下,材料的疲劳开裂往往起源于钢中最大尺寸的夹杂物处。通过测量断口表面的夹杂物尺寸,就可以了解钢中非金属夹杂物的情况。

这种方法的主要优点是:与金相法比较,能表征更大体积里的最有害夹杂物的大小、类型及分布。其主要缺点是:为了了解钢中夹杂物尽可能多的信息,需要进行大量的疲劳实验,这不但耗费大量时间和资金,同时对能源也是一种浪费。另外,该方法不能对超洁净钢中的夹杂物进行分析,因为在超洁净钢中,疲劳破坏往往不从夹杂物处开裂[11]。

2.2.5 统计方法

统计方法是最近几年才发展起来的,它是根据统计学的原理得来的,其本质就是外推法。这类问题的最简单形式是,给定一系列未知分布的独立数据来估计其最大值或最小值的分布。统计极值(statistics of extreme value,SEV)和广义帕雷托分布(generalized pareto distribution,GPD)是分别由 Murakami 等[55,56]和 Atkinson 等[57~59]提出用来估算钢中最大非金属夹杂物尺寸的两种方法。

用统计方法估算钢中的夹杂物尺寸有很大的优点:

(1) 节省工作量。只需随机选取抛光表面一定大小的面积(实际代表一定厚度的体积),并测量大于某一临界门槛值的夹杂物或最大夹杂物的尺寸即可,可利用金相显微镜的图像分析系统对夹杂物进行统计分析。

(2) 准确性高。在洁净钢中,非金属夹杂物尺寸非常小,只有几个微米。如果用金相法检测,夹杂物的最大直径很难暴露到表面上,测量误差较大,而统计方法充分考虑了这一点,根据测量结果外推出夹杂物的最大直径。

(3) 可以估算不同体积中的最大夹杂物尺寸。这是上述其他方法做不到的,也是统计方法的最大优点。对于体积较大的钢件或者上百吨的钢锭,估计其中的最大夹杂物的尺寸,用普通测量方法是做不到的。

还有很多其他方法,如化学萃取法或者电解法等可以测定夹杂物。

2.3 非金属夹杂物对钢力学性能的影响

如前所述,非金属夹杂物不可避免地存在于钢中,其成分、数量、形态、尺寸和分布对钢材性能的影响是多方面的。夹杂物在钢中与基体的结合力很差,当钢材受力时,在夹杂物周围的基体中就会产生应力集中现象,因此夹杂物往往作为显微裂纹的发源地而对钢的破坏起着重要作用,从而对与断裂过程密切相关的一系列性能(塑性、韧性、疲劳性能等)有明显的影响。

2.3.1 非金属夹杂物对常规力学性能的影响

一般地说,非金属夹杂物对钢的抗拉强度和屈服强度影响不大,但对钢的塑性和韧性往往有较为明显的影响。有关影响的较细致评述,可以参考有关著作[29,30]。

2.3.2 非金属夹杂物对疲劳性能的影响

对于维氏硬度值(HV)小于等于400的中、低强度钢,光滑试样旋转弯曲或轴向疲劳极限(σ_w,MPa)与抗拉强度(R_m)或HV之间呈良好的线性关系[60~62]:

$$\sigma_w \approx 1.6\ \mathrm{HV} \pm 0.1\ \mathrm{HV}\ (\mathrm{HV} \leqslant 400) \tag{2-1}$$

$$\sigma_w \approx 0.5R_m \quad (R_m \leqslant 1200\ \mathrm{MPa}) \tag{2-2}$$

此时试样的疲劳断裂通常由表面破坏引起。然而,超过这一硬度值或在较高的抗拉强度水平下,上述线性关系式便往往不再满足,σ_w 随 R_m 或 HV 的增加数据更加分散,此时试样的疲劳断裂通常由非金属夹杂物等内部缺陷引起,即高强度钢的疲劳行为对微小缺陷和非金属夹杂物十分敏感。如有统计结果表明[63],汽车的气门弹簧,因非金属夹杂物引起断裂的占40%,因钢丝表面缺陷引起断裂的占30%。

钢中夹杂物对疲劳性能的影响一方面取决于夹杂物的类型、数量、尺寸、形状和分布;另一方面受钢基体组织和性质制约,与基体结合力弱的尺寸大的脆性夹杂物和球形不变形夹杂物的危害最大。而且,钢的强度水平越高,夹杂物对疲劳极限的有害影响也越显著。

2.3.2.1 夹杂物类型和变形率的影响

钢中最常见的夹杂物主要是氧化物和硫化物,另外还有少量的氮化物和其他成分的夹杂物。硬而脆的氧化物夹杂对钢的疲劳性能是最有害的，而硫化物危害性相对较小。

夹杂物对疲劳性能影响的重要方面之一是夹杂物的变形率。如在弹簧钢疲劳断裂时成为断裂源的夹杂物大多是热轧时难变形即变形率低的 Al_2O_3 系或 TiN 系夹杂物[64]。变形率低的夹杂物诱发钢中疲劳裂纹的原因之一是它不能传递钢基体中存在的应力。另外由于夹杂物与钢基体的线膨胀系数不同而在夹杂物周围基体中产生一种径向的拉应力(镶嵌应力)。这种应力的出现和存在将帮助所施加的循环应力而促使疲劳裂纹优先在靠近夹杂物的基体中形成[65,66]。

对于钢中变形率较高的硫化物夹杂，在一般承受载荷情况下，在硫化物与钢基体之间的界面上没有裂纹产生。这是因为冷却时在线膨胀系数高的硫化物周围产生了残余压应力；同时在钢加工的各个阶段硫化物都参与钢的变形，并随着周围基体以同样的方式改变着其形状，使硫化物与钢基体之间界面的结合力不被破坏，也没有形成空洞的倾向[65]。另外，正如后面章节中所述，高强度钢的疲劳性能与夹杂物等缺陷在垂直于最大主应力方向平面上的投影面积(*area*)有关，一些塑性夹杂物如硫化物虽然可能较长(在纵截面上)，但在受力截面(对于高强度钢棒线材多为横截面)上尺寸往往很小，因而其对疲劳性能的影响往往相对较小。

理论计算表明，降低夹杂物的熔点(即软化夹杂物)不仅可以有效地增加其塑性变形能力，细化夹杂物，而且还可以消除应力集中[36]。因此，在炉外精炼时，采用合适的脱氧方法和合成渣对 Al_2O_3、SiO_2 等系夹杂物进行变性处理，使其形成低熔点的夹杂物，可以改善弹簧钢的疲劳性能。基于此，Kawahara 等[67]开发出了超纯净的 Cr-Si 阀门弹簧钢。不仅大大降低了因夹杂物引起的疲劳断裂，延长了疲劳寿命，而且使疲劳应力幅值提高了 30 MPa 以上。

2.3.2.2 夹杂物数量和尺寸的影响

夹杂物数量和尺寸特别是后者对高强度钢疲劳性能的影响十分明显。如采用 ULO(超低氧)和 ULO + UL · TiN(超低氧 + 超低 TiN)工艺生产汽车悬挂弹簧用钢 SUP6、SUP7 及 SUP12，结果使钢中氧含量小于 0.0011%，比常规 RH(真空循环)脱气法处理的 0.0021% ~0.0033% 大幅度下降，从而使夹杂物数量及尺寸较 RH 脱气法显著降低[68]。图 2-1 比较了各种方法冶炼的 SUP12 弹簧钢与其他弹簧钢的疲劳极限。可以看出，ULO 钢的疲劳极限提高约 100 MPa。另外，采用 ULO 法冶炼 SUP6 和 SUP7 钢的实验结果表明，其疲劳极限与 SUP12 处于相

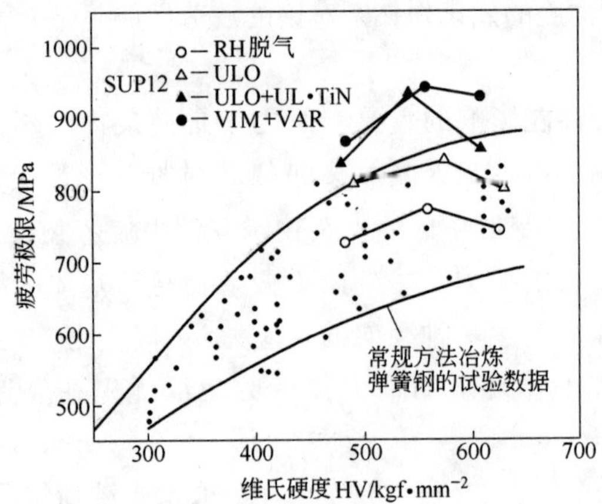

图 2-1　冶炼方法对弹簧钢 SUP12 的疲劳性能的影响

Fig. 2-1　Effect of smelting processes on fatigue limit of high strength spring steel SUP12

（1 kgf/mm^2 = 10 MPa，以下相同）

同的水平。超纯净化 ULO + UL · TiN 钢的疲劳极限显著提高，与 VIM + VAR（真空感应 + 真空电弧重熔）钢的疲劳极限相近。对疲劳断口疲劳源的扫描电镜观察表明，ULO 钢中的 Al_2O_3 和 TiN 夹杂物的尺寸明显小于常规处理钢中的夹杂物尺寸；在 ULO + UL · TiN 钢的疲劳源上夹杂物出现的几率减少，成为疲劳源的夹杂物变小，而在 VIM + VAR 钢的疲劳源处根本看不见夹杂物[64]。

图 2-2 示意表明钢中夹杂物的含量增加，使钢的疲劳强度大为降低[69]。

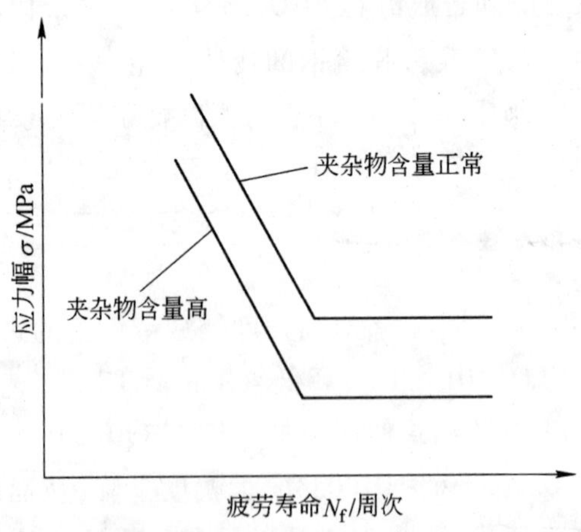

图 2-2　夹杂物对钢的疲劳 *S-N* 曲线影响的示意图[69]

Fig. 2-2　Schematic illustration of the influence of inclusions on *S-N* curve[69]

夹杂物尺寸对疲劳极限的影响要比夹杂物含量变化的影响显著得多。在夹杂物形状不变的条件下，夹杂物尺寸对疲劳极限的影响如图 2-3 所示[70]。可见，随夹杂物尺寸增大，疲劳极限显著地降低。钢的强度水平越高，夹杂物尺寸变化所显示的影响也越显著。

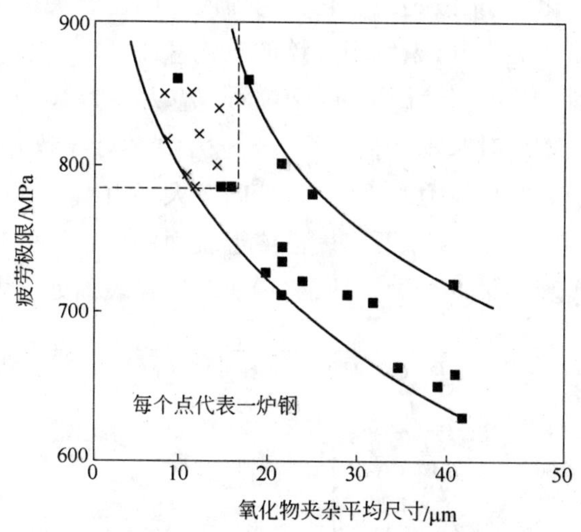

图 2-3 氧化物夹杂平均尺寸与疲劳极限的关系[70]

Fig. 2-3 Relationship between the average oxide inclusion size on fractured rotating bending fatigue specimens and its fatigue limit[70]

2.3.2.3 夹杂物形状及分布的影响

夹杂物在钢基体中所引起的应力集中程度与夹杂物的形状有密切的关系。夹杂物的曲率半径越小，引起的应力集中越严重。在交变应力作用下，裂纹优先在垂直于拉应力方向的夹杂物尖角处萌生，裂纹扩展速率也比球状夹杂物快得多。即形状不规则和多棱角的夹杂物较曲率半径大的球形夹杂物（其尺寸虽然较大）对疲劳性能的危害性更大。前面提到的 ULO + UL · TiN 弹簧钢较 ULO 弹簧钢疲劳极限更高，便是由于前者较后者块状多棱角的 TiN 夹杂物数量更少的缘故。

同样大小的夹杂物会因其在试样横截面上所处的位置不同而对疲劳性能的影响不同。如有人研究了应力幅 $\Delta\sigma/2$ 的变化对一种高强度弹簧钢（0.67% C, 0.35% Si, 0.65% Mn, 0.16% V）中夹杂物萌生疲劳裂纹的影响[71]。图 2-4 为应力比 $R = -1$ 时的 Weibull 图。随应力幅增加，疲劳寿命缩短。对疲劳断裂原因的分析表明,应力幅为 800 MPa 时,除一例由表面擦伤引起的破坏外,其余破坏均由夹杂物引起。Weibull 图上较短寿命的 *A* 段破坏是由位于或极接近试样表面的尺寸约 10 μm 的夹杂物引起的;Weibull 图上较长寿命的 *B* 段破坏则是由位于试样次表面的尺寸约 20 μm 的夹杂物引起的。应力幅为 900 MPa 时,几乎所有的破坏均由氧化铝、铝酸钙或硫化锰与前两者的复合夹杂物引起,或者很可能起源于夹杂物引起的空洞,未发现纯粹的硫化锰或氮化物引起的破坏;所有的疲劳源均位于表面,夹杂物尺寸约 10 ~ 20 μm。应力幅为 1000 MPa、1100 MPa 时的观察结果与 900 MPa 时基本相同。可见,应力水平对导致开裂夹杂物的分布位置有显著的影响。在低应力水平下,疲劳破坏大多由次表面的夹杂物引起,而在高应力水平下,疲劳破坏则主要由表面或近表面的夹杂物引起(注意这是对旋转弯曲高周疲劳实验结果进行的归纳,这种实验试样表面处应力最大)。

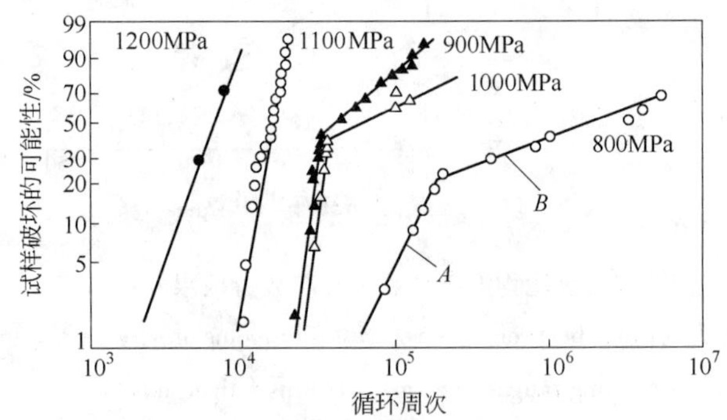

图 2-4　5 个应力幅下的 Weibull 图($R = -1$)[71]

Fig. 2-4　Weibull plot of probability of specimen failure at five stress amplitudes loaded at $R = -1$[71]

2.3.2.4　夹杂物处疲劳裂纹的形核机制

人们对夹杂物引起疲劳失效的机制进行了大量的研究。一般认为夹杂物和基体界面的应力集中是引起疲劳失效的主要原因。应力集中主要来源于两个方面:

(1) 钢在冷却过程中夹杂物和基体的热缩性不同。

(2) 由于夹杂物和基体的弹性常数不同,在外加应力的作用下在界面产生应力集中。

在上述应力的作用下,钢在热形变过程中,就会在夹杂物与基体的界面上萌生裂纹。文献[71]论述了轧制过程中裂纹在夹杂物与基体界面的产生机理。

近年来,人们从细观力学的角度提出了几种模型,来解释夹杂物周围疲劳裂纹的形核机制,其中具有代表性的有 Tanaka 和 Mura 提出的平行层模型[72,73],Chang 等[74]、Morris 和 James[75]的位错塞积模型,以及 Murakami 等[76~80]提出的“夹杂物等效投影面积”模型等。

(1) Tanaka 和 Mura[72,73]把孔洞或脱黏后的夹杂物看做缺口,他们把用于解释表面粗糙化和沿滑移带开裂的平行层模型加以推广,用来说明在高强度钢和铝合金中裂纹如何从夹杂物处萌生。改进后的模型假定裂纹萌生受控于能量准则,即认为在夹杂物处积聚的位错偶极子的自身应变能达到某个临界值时,就会萌生疲劳裂纹。他们认为存在下列三个不同的疲劳裂纹萌生过程:从脱黏的夹杂物处诱发滑移带裂纹、从未开裂夹杂物处萌生滑移带、滑移带撞击使夹杂物开裂。

(2) 认为基体位错在夹杂物处的塞积是造成夹杂物开裂或界面脱黏的原因。在夹杂物开裂或界面脱黏的同时,在基体中开始形成疲劳裂纹。这种模型是由 Chang 等[74]以及 Morris 和 James[75]提出的。他们把裂纹形核过程看做是位错塞积过程。认为裂纹萌生由两种连续发生的事件组成:脆性颗粒内部开裂和裂纹从脆性颗粒进入延性基体。当位错近旁的颗粒弹性应变能达到临界值时,颗粒就会开裂(即发生上述第一种事件)。当系统的总能量达到一个临界值时,裂纹将在基体内发展(即发生上述第二种事件)。总能量由四项组成:塞积位错排列的应力场引起的弹性应变能、裂纹扩展所需的有效表面能、为使裂纹张开外应力必须做的功、裂纹在外加应力场下的弹性应变能。

(3) Murakami 等[76~80]发现,应力强度因子范围门槛值与夹杂物在垂直于最大拉伸应力平面上的投影面积的平方根有关。他们进一步详细研究了旋转弯曲疲劳与拉压疲劳条件下钢基体的维氏硬度、非金属夹杂物尺寸和夹杂物位置对疲劳性能的影响。他们把一些小的缺陷或夹杂物都当成裂纹处理,并把这些缺陷的面积定义为缺陷在最大主应力方向上的投影面积。成功地将疲劳强度与钢基体的硬度和夹杂尺寸联系起来,对高强度钢的疲劳研究作出了重要贡献。

3 超高周疲劳的实验方法及研究进展

目前,针对材料疲劳实验的广泛需求,已发展出多种疲劳实验机。最常用的有:

(1) 旋转弯曲疲劳实验机。具有结构简单,价格低廉,使用广泛的特点。常具有转速 5000 r/min 或 10000 r/min,即 83 Hz 或 165 Hz。一般使用时若顾及载荷大引起机器发热以及高转速引起噪声大的影响,往往用 83 Hz 来做实验,做到 10^7 周次需要约 33 h,若做到 10^9 周次则需要长达 137 天左右。

(2) 电液伺服疲劳实验机。具有很高的应力与应变控制精度,但频率低,一般在 0.001 ~60 Hz。适宜做低周疲劳实验。

(3) 电磁谐振疲劳实验机。在各种类型的疲劳实验机中,具有结构简单、使用操作方便、效率高、耗能低等特点,所以它被广泛的应用于各个部门。电磁谐振式高频疲劳试验机被广泛用来测试各种金属材料抗疲劳断裂性能。频率一般在 60 ~300 Hz,若选 150 Hz,做到 10^7 周次需要 18.5 h,做到 10^9 周次需要 77 天。

(4) 超声波疲劳实验机。近年来,随着超高周疲劳实验的需要,商业化的超声波疲劳实验机已经出现,其频率一般在 20 kHz 左右。若采用 10 kHz,做到 10^7 周次需要 17 min,做到 10^9 周次需要约 28 h。这是一种主要的超高周疲劳实验方法,下面将简要说明其原理与方法。

3.1 超高周疲劳实验方法

3.1.1 超声波疲劳研究的发展

现代科学技术的飞速发展,特别是信息技术的发展,极大地推动了超声波疲劳技术的进步[81,82]。超声波疲劳技术发展的最重要标志是 1950 年 Manson[83] 设计的实验机,其原理是现代超声波疲劳实验技术的基础,它采用压电和磁致伸缩原理将 20 kHz 的电压信号转换为相同频率的机械振动,用高能量的 20 kHz 的超声波振动引起试样共振,在试样中建立交变的应力(应变)场。由于试样端部获得的振动位移幅与试样中心截面的应变幅成正比关系,因此超声波疲劳实验通过控制振动位移来实现疲劳实验的目的。

1959年,Neppiras[84]首次将超声波疲劳实验技术用于材料疲劳的应力-寿命($S-N$)曲线的测定。1973年,Mitsche[85]率先将这一技术用于测量疲劳裂纹扩展并给出第一批($\Delta a/\Delta N$)-ΔK曲线。近年来,这一实验技术在欧美工业化国家得到迅速发展,研究领域也逐渐拓宽,其研究包括各种加载形式及环境条件下工程材料的超高周疲劳寿命、裂纹扩展实验,研究的材料包括航空航天、汽车、火车、海洋工程等工业部门中关键结构使用的钢、铝合金、钛合金、镍合金等,以及金属基复合材料和陶瓷材料。同时此技术已应用于材料摩擦磨损和微动疲劳等方面的研究。目前超声波疲劳实验系统已经在奥地利、法国、日本、美国、加拿大、澳大利亚和中国等大学和研究机构中建立并开展了大量的研究工作。其中以奥地利Stanzl-tschegg教授和法国Bathias教授各自带领的实验室研究组处于领先的地位,日本相关的研究也进展很快。代表性的研究工作有:Bathias等[86]研究了钛合金高温超低速裂纹扩展行为,Ni[87]和Bonis等[88]研究了镍合金高温裂纹扩展行为,Jago等[89]研究了钛合金液氮低温疲劳断裂行为,Ganzales[90]发展和完善了超声波弯曲疲劳实验系统并研究了铝基复合材料的疲劳。Kanazawa等[91]利用超声波疲劳实验研究了低合金钢高周疲劳内部裂纹的萌生机理。Stanzl-tschegg教授的研究组[92~94]利用附加剪切加载,首先实现了超声波振动扭转疲劳实验,并比较研究了汽车用轻合金在不同腐蚀环境下的超高周拉-扭疲劳性能。

在我国,有关超声波疲劳实验技术和材料的超高周疲劳性能的研究已经受到重视,主要的研究机构有:西南交通大学[95~97]、四川大学[98,99]、钢铁研究总院[100,101]、中国科学院金属研究所[102,103]等,它们对钢铁材料开展了较为深入的研究。西北工业大学[104]、南京航空航天大学[105]等相关人员对铝合金作了较为深入的研究。其他如天津大学[106]、大连海事大学[107]、江苏大学[108]等有关人员也开展了钢铁材料方面的研究工作。以上工作主要是应用超声波疲劳方法进行实验。另外在日本的Sakai[109]改进的可以夹装多个疲劳试样的旋转弯曲疲劳实验机基础上,中科院力学所[110]也开展了钢铁材料的超高周疲劳实验工作。

与传统疲劳实验方法相比,超声疲劳实验技术具有一定的优点[98,111,112]:

(1) 节省时间。与传统的疲劳实验机相比,超声波疲劳实验机可以节省时间到原来的百分之一。例如对于10^9循环周次,用频率为50 Hz的传统电液伺服疲劳实验机大约需要8个月,而用频率为10 kHz的超声波疲劳实验机则只需2天左右。这样就可以测量非常高的循环周次的寿命和非常低的裂纹扩展速率

($10^{-13} \sim 10^{-14}$ m/cycle)的疲劳性能。短的测量时间就可以在一定的时间内测量更多数量的试样。这对那些材料组织不均匀的需要大量实验来获取可信的统计数据的疲劳测试来说尤为重要;对于钢铁与其他高强材料的改进需要反复经过冶炼、加工、疲劳测试周期很长的工作来说,超声疲劳实验无疑是非常必要的。

(2) 节省能源。由于加载方式是谐振,同时加载的时间大为缩短,因而所需的能量也较少,这对于传统疲劳实验的大量能耗来说是一个了不起的进步。

(3) 试样的固定和加载方法。由于其是以超声波的形式加载,在试样端部应力为零。这对于那些脆性材料,如陶瓷、非晶等就不用担心会在试样固定处发生断裂而使疲劳实验出问题。如果应力比 $R=-1$ 时,试样只需固定一端。另外,由于加载应力幅采用电脑控制机械振动来实现,不但操作简单而且易于控制,从而保证实验结果的准确性。

3.1.2　超声波疲劳实验设备

与传统的机械疲劳实验设备相比,超声波疲劳实验系统大为简化,主要由下面几部分组成(见图3-1):

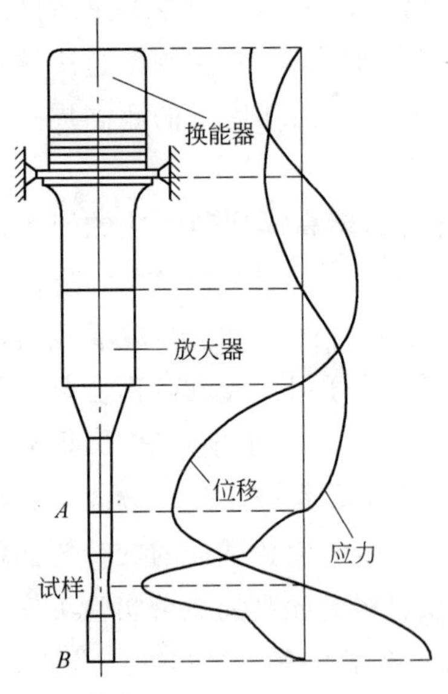

图3-1　超声波疲劳振动系统及位移、应力场(图中 A、B 是试样)

Fig. 3-1　Ultrasonic vibration system and the displacement and stress distributions

(1) 超声波频率发生器,也叫激振电源。它的主要功能是将常用的50 Hz电压转化为20 kHz的高频正弦波电信号,同时可用调压器控制振幅。

(2) 压电换能器。将电源提供的电信号转换为同样高频率的机械振动。

(3) 振幅放大器,常称为锥体。根据疲劳加载水平的需要,放大(或缩小)压电换能器输出的机械振动振幅。

(4) 试样。与换能器、放大器组成谐振系统,其几何形状必须满足谐振条件并能达到所需的应力水平。

(5) 光纤传感器。测量振动的振幅、频率和振动周次。改进的实验设备利用电子计算机和A/D、D/A转换器自动控制,可以实时测量、记录振幅、频率和周次,更重要的是实现了实验中振幅的预置和随机调控。

(6) 基本系统与一台拉伸/疲劳实验机、一个传载器和一个下锥体结合，则可以实现变应力和复合载荷的疲劳实验。下锥体的作用是将实样传来的振动衰减至零，以免影响拉伸机。

(7) 附加环境实验装置。如冷却系统、腐蚀系统等，则可以实现复杂环境条件下的超声波疲劳实验。

3.1.3 超声波疲劳实验原理[81,82]

图 3-1 同时给出了超声波疲劳实验机振动加载系统沿轴向的位移、应力场分布。压电陶瓷换能器将高频电源供给的电信号转换成相同频率的机械振动，然后经振动位移放大器放大。试样一端与位移放大器相连(图中 A 端，可以用螺纹连接)，另一端自由(B 端)。机械振动的纵波传至自由端后发生反射，而反射波的频率与传入波的频率相同，这样两列干涉波发生了谐振，沿试样轴向形成拉-压对称循环载荷。从图中可以看出，在试样的两个端部位移最大(A、B 两处)，而应力为零。在试样的中部，情况刚好相反，此时的位移最小为零，而应力最大[113,114]。

传统疲劳实验机加载频率往往与试样的固有频率是不符合的，也就是试样受强迫振动。而超声波疲劳与传统疲劳的主要区别，则是实验机加载频率必须与试样的某一固有频率相符[81]。

超声波疲劳实验要求试样具有与系统振动频率相同的固有频率。因此对不同材料和形状的试样需要进行解析或有限元计算[81,82,115,116]。

为了更好地理解其原理，简单回想一下弹性波理论[81]。在直角坐标系三维各向同性体中，弹性波符合下述微分方程组：

$$\rho\frac{\partial^2 u}{\partial t^2}=\frac{E}{2(1+\nu)}\left[\frac{1}{(1-2\nu)}\times\frac{\partial e}{\partial x}+\nabla^2 u\right] \tag{3-1a}$$

$$\rho\frac{\partial^2 v}{\partial t^2}=\frac{E}{2(1+\nu)}\left[\frac{1}{(1-2\nu)}\times\frac{\partial e}{\partial y}+\nabla^2 v\right] \tag{3-1b}$$

$$\rho\frac{\partial^2 w}{\partial t^2}=\frac{E}{2(1+\nu)}\left[\frac{1}{(1-2\nu)}\times\frac{\partial e}{\partial z}+\nabla^2 w\right] \tag{3-1c}$$

式中，u、v、w 分别为沿着坐标 x、y、z 的位移；E 与 ν 分别为杨氏模量与泊松比；ρ 为密度；t 为时间；∇^2 为拉普拉斯算子，即：

$$\nabla^2=\frac{\partial^2}{\partial^2 x}+\frac{\partial^2}{\partial^2 y}+\frac{\partial^2}{\partial^2 z} \tag{3-2}$$

而 e 为体积膨胀率，即：

$$e = \frac{\partial u}{\partial x} + \frac{\partial v}{\partial y} + \frac{\partial w}{\partial z} \tag{3-3}$$

弹性波理论指出,无限大各向同性体中可能存在两类**弹性波**,即**纵波**(也称**膨胀波**)和**横波**(也称**剪切波**)。为了方便理解,式3-1可以粗略理解为等式的左边为弹性体单位体积的质量与加速度的乘积,右边主要是纵波与横波使单位体积产生阻力与回复力的合力,根据牛顿第二定律,它们应该相等。

首先从一维的直杆试样出发(参见图3-2),此时一个沿着杆长方向(x方向)传播的纵波从左端进入,它使杆内介质沿x方向一紧一松来回振动,通过杆长l,从杆的右端反射回来。在此一维波动情况下,只有牵涉到x方向的量存在,故式3-1b和式3-1c均不需要,而式3-1a可以简化为:

$$\frac{\partial^2 u}{\partial t^2} = \frac{E}{\rho} \times \frac{\partial^2 u}{\partial x^2} \tag{3-4}$$

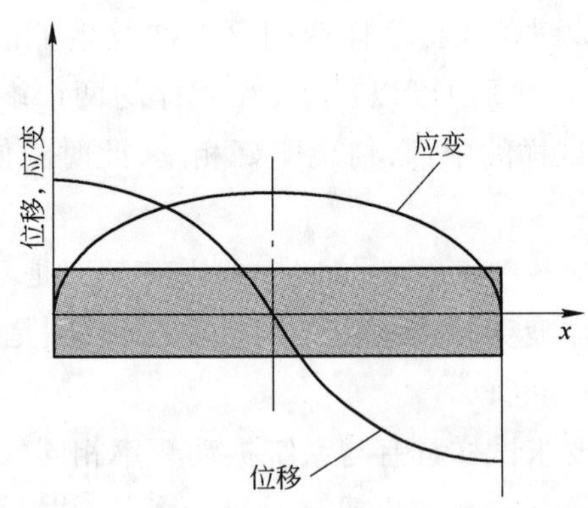

图3-2　光滑杆状试样位移与应变示意图[81]

Fig. 3-2　Schematic of displacement and strain in a smooth bar[81]

因为此时假设是一维波动,y和z方向均没有位移,只有x方向的位移,这也是暗含了泊松比$\nu=0$的假定。将$\nu=0$代入式3-1a,就有式3-4。

上式的通解为:

$$u = \sum_{n=1}^{\infty} u_n(x,t) \tag{3-5}$$

此处

$$u_n(x,t) = \left(A_{n-1}\cos\frac{n\pi ct}{l} + B_{n-1}\sin\frac{n\pi ct}{l}\right)\cos\frac{n\pi x}{l} \tag{3-6}$$

式中,$c=\sqrt{\dfrac{E}{\rho}}$为纵波波速;A_{n-1}、B_{n-1}为常数。

超声波疲劳实验要求在试样两端位移最大，但应变为零，即边界条件是：

$$\varepsilon=\left(\frac{\partial u}{\partial x}\right)_{x=0,l}=0 \tag{3-7}$$

这样，从式 3-6 可以得到满足条件的一阶振动模态为(可作为近似解)：

$$u(x,t)=A_0\cos(kx)\sin(\omega t) \tag{3-8}$$

式中，$k=\frac{\pi}{l}$；$\omega=\frac{\pi c}{l}$；A_0是试样两端最大的振幅。式 3-8 就可以作为光滑杆状试样的位移解。

根据应变 $\varepsilon=\frac{\partial u}{\partial x}$，应变速率 $\dot{\varepsilon}=\frac{\partial}{\partial t}\left(\frac{\partial u}{\partial x}\right)$，将式 3-8 代入即可求得。在试样中部可得位移 $u=0$，应变 $\varepsilon=-kA_0$，应力 $\sigma=-EkA_0$，应变率 $\dot{\varepsilon}=-k\omega A_0$。

从 $c=\sqrt{\frac{E}{\rho}}$ 和 $\omega=\frac{\pi c}{l}$ 可知：

$$l=\frac{1}{2f}\sqrt{\frac{E}{\rho}} \tag{3-9}$$

式中，谐振频率 $f=\omega/(2\pi)$。上式表明光滑试样的长度与谐振频率成反比。对一般钢试样来说，$E=200000$ MPa，$\rho=7800$ kg/m^3，因此对于 20 kHz 的谐振频率，l 约 127 mm[81]。实际使用的超声波疲劳试样，往往是变截面，主要目的是在试样中部产生一些应力集中，加速实验进程。另外，非常重要的是可以适当减小试样的长度，例如小于 100 mm，有利于开展实验。

如图 3-3 所示为圆截面喇叭形试样，图中 L_1 为变截面长度，决定其长度一般需要用数值方法，如有限元方法。但若试样中间部分为指数形式的曲线，则可以获得解析解[81]。对于一个轴对称的变截面长杆状试样，其纵波方程可以写为：

$$\rho S(x)\frac{\partial^2 u}{\partial t^2}=\frac{\partial F}{\partial x} \tag{3-10}$$

式中，$S(x)$是试样在 x 处的横截面积，且：

$$F=ES(x)\frac{\partial u}{\partial x} \tag{3-11}$$

式 3-11 表示作用在该截面上的力($\frac{\partial u}{\partial x}$代表应变，它与模量 E 乘积为应力，再与面积 $S(x)$ 相乘是力)。而式 3-10 右侧代表截面单元体两侧力的变化，也就是合力；左侧则代表截面单元体质量与加速度的乘积。这样，式 3-10 改写为：

$$\frac{\partial^2 u}{\partial t^2}-c^2\left[p(x)\frac{\partial u}{\partial x}+\frac{\partial^2 u}{\partial x^2}\right]=0 \tag{3-12}$$

式中，$c=\sqrt{\dfrac{E}{\rho}}$为纵波波速；$p(x)=S'(x)/S(x)$。参考式 3-8，可以将变截面的杆状试样位移写为变量分离形式，即 $u(x,t)=U(x)\sin\omega t$，则从式 3-12 可以得到在 x 处单纯沿 x 方向振动位移 $U(x)$ 的微分方程，即：

$$U''(x)+p(x)U'(x)+k^2U(x)=0 \tag{3-13}$$

式中

$$k=\omega/c,\omega=2\pi f \tag{3-14}$$

f 为谐振频率。

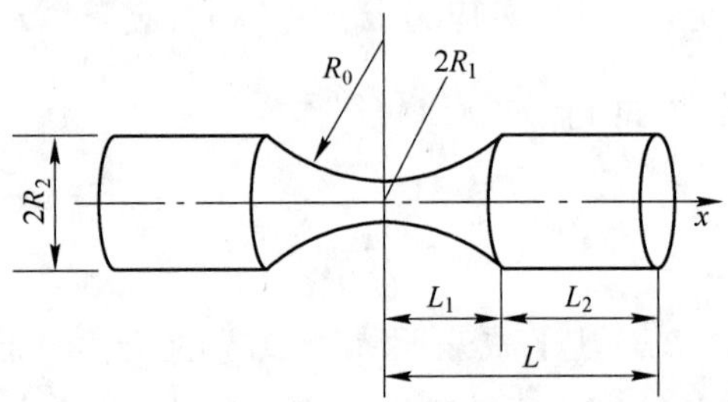

图 3-3　圆柱状超声疲劳试样的形状[81, 82]

Fig. 3-3　Shape of cylindrical specimen[81,82]

为了获得式 3-13 的解，必须首先知道试样中段曲线的形状，假设中部喇叭形的曲线方程为：

$$y(x)=R_1\cosh(\alpha x) \tag{3-15}$$

式中

$$\alpha=\frac{1}{L_1}\operatorname{arccosh}\left(\frac{R_2}{R_1}\right) \tag{3-16}$$

L_1、R_1、R_2定义如图 3-3 所示。

横截面面积沿轴向的变化为：

$$\left.\begin{aligned}S(x)&=\pi R_2^2,L_1<|x|\leqslant L\\S(x)&=\pi R_1^2\cosh^2(\alpha x),|x|\leqslant L_1\end{aligned}\right\} \tag{3-17}$$

因为在试样中部截面应力幅最大，位移为零；试样端部应力（应变）为零，位移幅最大。设试样端部位移为 A_0，则试样载荷边界条件为：

$$U\Big|_{x=0}=0,U\Big|_{x=L}=A_0,\frac{\partial U}{\partial x}\Big|_{x=L}=0 \tag{3-18}$$

由边界条件，求解式 3-13 得：

$$\left.\begin{aligned} U(x) &= A_0\cos[k(L-x)], L_1 < |x| \leqslant L \\ U(x) &= A_0\varphi\frac{\sinh(\beta x)}{\cosh(\alpha x)}, |x| \leqslant L_1 \end{aligned}\right\} \tag{3-19}$$

式中

$$\left.\begin{aligned} \beta &= \sqrt{\alpha^2 - k^2} \\ \varphi &= \frac{\cos(kL_2)\cosh(\alpha L_1)}{\sinh(\beta L_1)} \end{aligned}\right\} \tag{3-20}$$

试样半长 $L = L_1 + L_2$,其中 L_1 给定,L_2 与谐振频率有关,称为试样谐振长度,由下式确定:

$$L_2 = \frac{1}{k}\arctan\left\{\frac{1}{k}\left[\frac{\beta}{\tanh(\beta L_1)} - \alpha\tanh(\alpha L_1)\right]\right\} \tag{3-21}$$

超声波疲劳研究的疲劳寿命范围在 10^4 周次以上,其应力幅值远低于材料的屈服强度,因此认为实验应力与应变满足线性关系。由式 3-19 可获得试样内沿轴向横截面的应变及应力分布:

$$\left.\begin{aligned} \varepsilon(x) &= \frac{\mathrm{d}U(x)}{\mathrm{d}x} \\ \sigma(x) &= E\varepsilon(x) \end{aligned}\right\} \tag{3-22}$$

在试样中心 $x=0$ 处,应力(应变)最大:

$$\sigma_{\max} = A_0 E\beta\varphi \tag{3-23}$$

可见,当试样材料的几何形状确定后,$\sigma_{\max}$ 与试样端部的位移 A_0 成正比。超声波疲劳实验通过控制端部位移即可达到应变(应力)控制疲劳实验的目的。定义在试样端部施加 1 μm 单位位移幅时,试样中间截面上的应力幅为试样的位移-应力参数 M,由式 3-23 可得:

$$M = E\beta\varphi \tag{3-24}$$

另外,对于板状试样也可以作超声波疲劳实验,参见有关文献[98]。

3.2 超高周疲劳的研究进展

3.2.1 S-N 曲线特性

超声波疲劳实验机的出现及超声波疲劳技术的发展,同时多试样装夹疲劳实验机的应用,使得材料的超高周疲劳实验得以广泛的开展[4~13,62,117]。实验研究中发现了许多新的有趣的现象，如疲劳裂纹萌生源通常都认为是在构件表面，然而对许多材料的超高周疲劳测试显示出两种裂纹萌生机制：一种起源于构件表面；另一种在构件内部[4,8～10,62]。另外，传统疲劳认为，钢铁材料具有疲劳极限（10^6 ～ 10^7 周次后的疲劳 $S-N$ 曲线出现无限水平渐进线），载荷低于此疲劳极限，构件具有无限寿命。但是材料的超高周疲劳研究结果表明，在 10^7 周次以上，疲劳破坏仍然可能会继续发生。也就是说，传统意义上的疲劳极限消失了，如图 3-4 所示。这就给现有的疲劳设计规范和疲劳断裂理论的解释带来了全新的概念。国内外的许多科研人员对此进行了大量的实验研究，针对这些有趣的现象提出了一些解释。

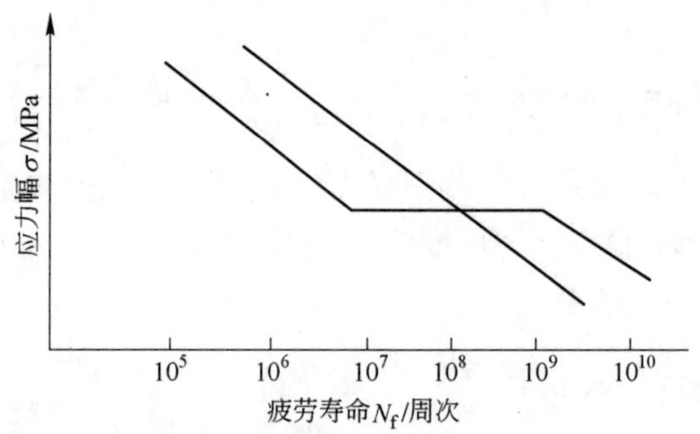

图 3-4　典型的超高周疲劳实验 $S-N$ 示意图

Fig. 3-4　Schematic of typical $S-N$ curves in the very high cycle fatigue regime

3.2.2　断口特征与机制

断口特征与机制的研究成果如下所述：

（1）Murakami[118] 在研究 Cr-Mo 钢（JIS SCM435）的超高周疲劳时发现，在光学显微镜的观察下，断口表面裂纹源处的夹杂物附近出现一个暗区，他称之为**光学暗区**（optically dark area，ODA）。他认为 ODA 的形成是由于氢陷阱造成的。Takai 等[119] 通过二次离子质谱仪（SIMS）方法直接探测出在夹杂物与基体的交界处有氢富集现象的存在。在分析过程中，Murakami 发现 ODA 与疲劳寿命之间存在一定的关系，具体实验数据如图 3-5 所示。

从图 3-5 中，可以看出几个规律：

1）当循环周次相同时，若氢含量较高（空心记号代表常规的淬火回火处理（QT），其氢含量比真空处理（VQ，VA1 和 VA2）的高），则 ODA 的面积与夹杂物的面积之比也较大；

2）当 ODA 的面积与夹杂物的面积之比相同时，若氢含量较低，则其疲劳寿命较长；

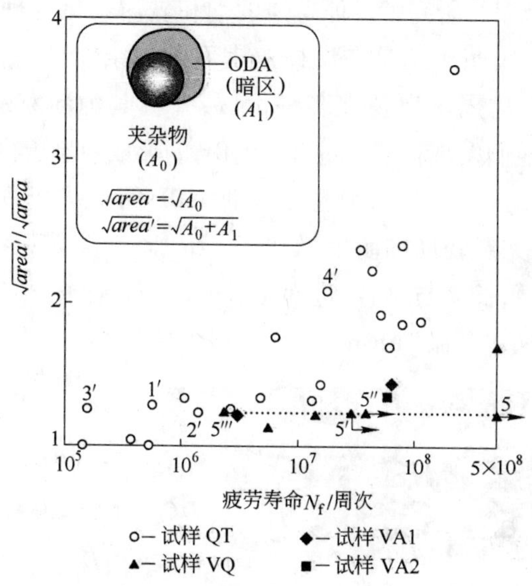

图 3-5 ODA 大小和疲劳寿命的关系[118]

Fig. 3-5 The relationship between the size of ODA and the number of cycles to failure[118]

3）对于同一类试样，ODA 的相对面积较大则其疲劳寿命也较长。

通过这一比较，还可以看出单位面积的氢含量较高时，ODA 的相对面积也较大，裂纹生长较快，寿命较低。

针对这一现象，Murakami 假设了一种机制。高强度钢的超高周疲劳裂纹源大多是在非金属夹杂物处，因而超长寿命可能受环境的影响很大，如含氢环境。他认为氢在其中起了关键性的作用。在 ODA 中氢提高了螺型和刃型位错的迁移率，同时降低了内摩擦力。这样氢的存在，有利于疲劳裂纹的萌生和扩展，促进了开裂失效。这个机制的示意图见图 3-6[9]。

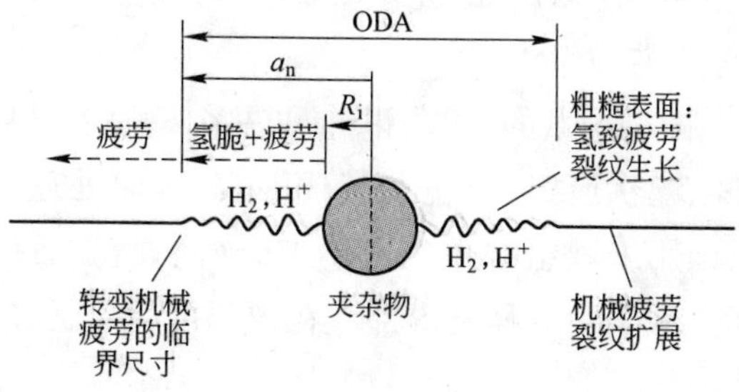

图 3-6 超高周疲劳时，氢促进内部夹杂物处初始裂纹生长的机制[9]

Fig. 3-6 The mechanism for very high cycle fatigue failure from internal inclusion with a initial fatigue crack growth assisted by hydrogen [9]

(2) Shiozawa 等[120]研究了几种高强度钢和表面硬化处理钢的超高周疲劳性能,他们认为疲劳裂纹萌生源是在试样亚表面的夹杂物处。在断口的 SEM 分析中,他们发现在夹杂物周围出现许多亮面区,并称其为**粒状亮面**(granular bright facet,GBF)。同时他们发现在疲劳过程中 GBF 的形成控制着内部断裂的模式。

他们根据断面的拓扑分析,设想了一种 GBF 的形成机理。如图 3-7 所示,最初多个微裂纹在夹杂物周围萌生,如图 3-7*a* 所示;接着在疲劳过程中,一些裂纹通过碳化物并开始长大与结合,进而形成 GBF 面,如图 3-7*b* 所示;最后,疲劳裂纹继续扩展形成了"鱼眼"(fish - eye),如图 3-7*c* 所示,直至最后失效。

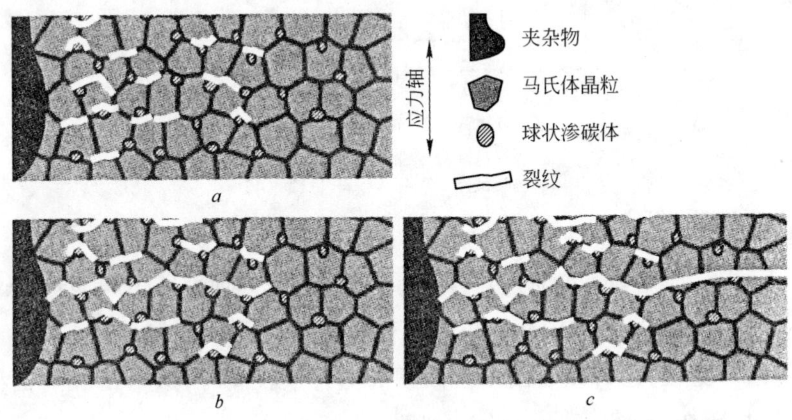

图 3-7 GBF 的形成模型[120]

a—阶段 1;*b*—阶段 2;*c*—阶段 3

Fig. 3-7 GBF formation model[120]

a—Step 1;*b*—Step 2;*c*—Step 3

(3) Sakai 等[121]则将上述 ODA 或 GBF 称之为**细粒状区**(fine granular area, FGA),原因是通过透射电镜(TEM)进一步观察,可以发现这个区表面很薄的一层是由细小的亚晶等亚结构组成的。

(4) Miller 等[122]做了大量的实验,讨论了许多影响疲劳性能的因素。例如,工件负载和停歇期间、起伏应力、环境及其他因素、表面处理等。关于超高周疲劳问题,他们认为应该用细观组织断裂力学来分析。当表面疲劳失效被减弱甚至消除时,失效源就会从表面转移到内部。在内部以下位置容易产生应力集中:

1) 长晶界处;

2) 小沉淀物、夹杂物或在两三个大的晶粒间存在的非常小的晶粒;

3) 前面两种情况共存的部位。

在这些应力集中部位,可能产生非常短的第Ⅰ、第Ⅱ阶段取向的裂纹,并使其长大穿过两个或三个有利取向的晶粒。他们认为这需要用新的微观过程和微观机理来解释。超高周次疲劳失效并不是由一种机制或过程产生的，而是由几种机制或过程共同作用的结果。例如，基于时间和基于循环应力的疲劳机制、新的位错理论等。

（5）Nishijima 等[14,123,124]研究了多种表面硬化层厚度不同的碳钢和没有表面硬化钢的超高周疲劳。他们认为内部疲劳裂纹通常是在原奥氏体晶界的夹杂物处萌生。若材料中夹杂物的含量不够，则裂纹容易在大晶粒里的马氏体板条间形成。在大多数情况下，裂纹的萌生属于剪切类型，取向倾向于最大剪切应力方向。这表明内部裂纹萌生和表面裂纹萌生的类型是相似的，即通常我们所说的第Ⅰ阶段裂纹（剪切裂纹）。当第Ⅰ阶段裂纹长大并合并到一定的尺寸时，在所加载的应力条件下能使裂纹偏析时，第Ⅱ阶段裂纹（拉伸裂纹）就可能开始扩展。第Ⅱ阶段裂纹垂直于最大应力轴方向扩展，直至试样表面。

他们在解释 $S-N$ 曲线中两个拐点的问题时认为，第一个斜线部分对应于表面疲劳开裂模式，第二个斜线部分对应于内部疲劳开裂模式，而水平部分对应于表面疲劳极限。内部疲劳和表面疲劳开裂模式在本质上是相同的，它们可能同时发生。

目前针对这一现象的解释还很多[125~127]，分析其影响因素的报道也很多[128~132]，但却还未有统一的机理。由于利用现在的检测手段很难观察到内部夹杂物起裂，所以还没有直接的证据来证明上述观点的正确性，不过我们从中可以看出一个相同点，即高强度钢中的非金属夹杂物对超高周疲劳性能的影响很大。因此研究高强度钢的超高周疲劳行为，需要对钢中的夹杂物有所了解。

3.2.3 疲劳强度与夹杂物尺寸的关系

前面 2.3.2.4 节已经谈到 Murakami 等[76~80]把一些小的缺陷或夹杂物都当成裂纹处理，并把这些缺陷的面积定义为缺陷在垂直于最大主应力方向平面上的投影面积。他们成功地将疲劳强度与钢基体的硬度和夹杂物尺寸联系起来，对高强度钢的疲劳研究作出了重要贡献。

当疲劳加载的最大应力幅为 σ（MPa）时，对于无限大体积中的缺陷（将夹杂物认为是裂纹，在垂直于最大主应力方向平面上的投影面积为 *area*），Ⅰ型最大应力强度因子 $K_{\mathrm{I\,max}}$（$\mathrm{MPa \cdot m^{1/2}}$）为：

$$K_{\mathrm{I\,max}} = Y\sigma\sqrt{\pi\sqrt{area}}\ (area\ 单位为\ \mathrm{m^2}) \tag{3-25}$$

而根据实验结果，钢的应力强度因子范围门槛值 ΔK_{th}（$\mathrm{MPa \cdot m^{1/2}}$）也可以归纳为：

$$\Delta K_{\mathrm{th}} = Y'(\mathrm{HV}+120)(\sqrt{area})^{1/3}\quad (area\ 单位为\ \mu\mathrm{m}^2) \tag{3-26}$$

假设作为驱动力的应力强度因子范围 $\Delta K = 2K_{\mathrm{I\,max}}$ 等于作为阻力的应力强度因子范围门槛值，即：

$$\Delta K = 2K_{\mathrm{I\,max}} = \Delta K_{\mathrm{th}} \tag{3-27}$$

则可以得出钢的疲劳强度：

$$\sigma_{\mathrm{w}} = \frac{C(\mathrm{HV} + 120)}{(\sqrt{area})^{1/6}} \tag{3-28}$$

上述各式中，Y、Y' 和 C 为位置系数，对于表面夹杂物，$Y = 0.65$，$Y' = 3.3 \times 10^{-3}$，$C = 1.43$；对于亚表面夹杂物，$Y = 0.67$，$Y' = 3.3 \times 10^{-3}$，$C = 1.41$；对于内部夹杂物，$Y = 0.50$，$Y' = 2.77 \times 10^{-3}$，$C = 1.56$。HV 为钢基体的维氏硬度，$\mathrm{kgf/mm^2}$（$1\ \mathrm{kgf/mm^2} = 9.8\ \mathrm{MPa}$，下同）。注意式 3-28 中 $area$ 的单位为 $\mu\mathrm{m}^2$。这里，假想裂纹为圆盘状的，其直径为 d，则 $\pi d^2/4 = area$，即 $\sqrt{area} = \sqrt{\frac{\pi}{4}}d$，换句话说，$\sqrt{area}$ 就是非常接近夹杂物的直径。

当然，随着认识的深入，Murakami 等的上述表达式，还有改进的必要（见第 6 章）。

最后，因为今后经常用到一些断口的术语，我们将其介绍如下。高强度钢超高周疲劳的典型疲劳断口特征如图 3-8*a* [129] 所示，它包含裂纹源处的夹杂物、ODA 或 GBF 区、**“鱼眼”特征区**，示意地表示在图 3-8*b* 中。注意，疲劳断口上夹杂物作为起裂源，其附近的特征区，在光学显微镜下观察称为 ODA，扫描电镜下观察称为 GBF，透射电镜下观察称之为 FGA 等，名称虽没有统一，但均是指同一个断口特征。本书主要是用扫描电镜观察，因此本书中主要采用 GBF 一词。

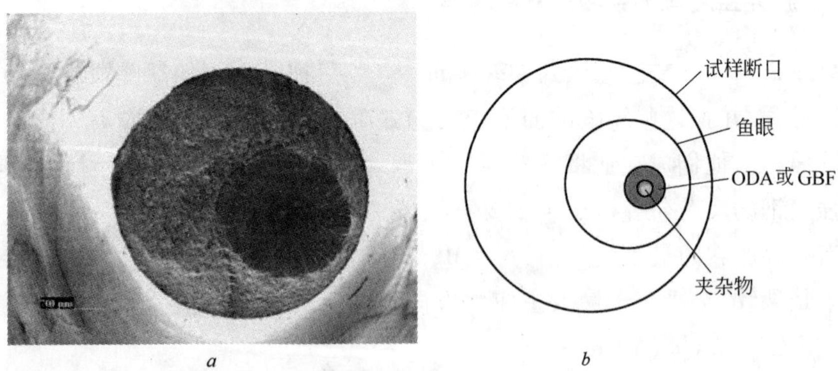

图 3-8　典型的高强钢超高周疲劳断口[129]（*a*）和断口特征区的示意图（*b*）

Fig. 3-8　Typical fractography of high strength steels under VHCF[129] (*a*) and schematic of the characteristic zones on the fracture surface (*b*)

4 临界夹杂物尺寸问题

钢的洁净度是反映钢的总体质量水平的重要标志，是钢材内在质量的保证指标。随着现代工业的发展，对钢洁净度的要求越来越高，迫使冶金工作者面对新的挑战，即不断提高钢水洁净度，以提高产品质量，满足社会发展的需求。

钢的洁净度通常由钢中有害元素含量以及非金属夹杂物的数量、形态和尺寸来评价。为了获得“清洁和纯净”，通常要降低和控制钢中P、S、N、H和O等杂质元素含量，而这些元素也是形成钢中非金属夹杂物的主要成分。研究发现[133,134]，钢中非金属夹杂物的尺寸和含量通常随氧含量的降低而减少。然而无限制地降低钢中夹杂物的含量，不但浪费能源，提高成本，而且从应用方面来说也是不必要的。

Kiessling 指出，由于大尺寸的夹杂物对钢的性能非常有害，而小的夹杂物往往无害，有时甚至有益，这个“临界尺寸”的确定则是非常必要的[135]。不幸的是，迄今为止对大多数情况无论是理论上还是实验上，都没有很好地解决临界夹杂尺寸问题[135~139]。静态载荷下，Klevebring 等曾估计某些氧化物夹杂的临界尺寸在4~7.5 μm[138]。对疲劳载荷情况下钢铁材料的临界夹杂物尺寸与强度、表面情况如何相关，人们还缺乏深入的认识。由于疲劳是在循环载荷下，可以预期，其临界夹杂物尺寸应该比静态加载时更小。因此，Mitchell 和新日铁的 Fukumoto 提出了“零氧化物夹杂钢”的概念[136]。所谓“**零氧化物夹杂钢**”，并非钢中不存在夹杂物，而是夹杂物尺寸小于1 μm，无法用光学显微镜观察到，预示其疲劳性能将得到大幅度提高。

对钢材的不同性质，例如对疲劳、焊接、弯曲断裂、热加工及腐蚀等，临界夹杂物尺寸是不同的[137]。对于疲劳，夹杂物临界尺寸与距钢表面距离的关系曾在实验上进行过研究，例如对于旋转弯曲疲劳，如果夹杂物刚好在表面下，则临界尺寸大约为10 μm[135~137]。注意这里的旋转弯曲疲劳，是以高周疲劳的10^7周次为标准的。对于超高周疲劳，这个临界尺寸是否合理，还需要进一步研究。另外，临界夹杂物与钢的强度水平必然有关，也需要进一步探索。

随着钢材强度水平的提高，**疲劳缺口敏感性**也将提高，而高强度钢的疲劳破坏是**表面基体缺口**和钢中非金属夹杂物相互竞争的结果。对高强度钢的超高周疲劳,如果构件表面加工状态良好,裂纹萌生于钢中大尺寸夹杂物将成为主要的疲劳开裂方式,因此,降低钢中夹杂物的含量和细化其尺寸可以有效地推迟疲劳裂纹的萌生,进而提高钢的疲劳强度与寿命。

钢的纯净度决定着钢中夹杂物的数量、大小以及分布。目前的冶金技术已经可以把钢中的 O 和 S 等有害元素含量控制在 $10\times10^{-4}\%$ 以下,夹杂物的尺寸大为减小,在特定条件下可以做到很小(如 1 μm)[11,136]。当然如果在实际生产中把这些元素含量降低到如此低的程度,钢中夹杂物做到如此之小,钢的成本也会明显增加。因此,比较准确地了解临界夹杂物尺寸问题,对合理的指导生产是十分有益的。

本章主要以 Murakami 等人[76~80]的“夹杂物等效投影面积模型”为基础,估算了高强度钢中的“临界夹杂物尺寸”的大小与基体硬度(或强度)和试样表面加工粗糙度的关系,这给从冶金方面控制高强度钢中的最大夹杂物尺寸提供了依据,从而对提高钢的冶金质量以及冶金生产的经济性具有一定的指导意义。

4.1　夹杂物与其他缺陷尺寸的等效性

4.1.1　Murakami 夹杂物等效投影面积模型

Murakami 等人[76~80]详细地研究了旋转弯曲和拉压疲劳条件下维氏硬度、表面缺陷的几何形状和尺寸对疲劳强度的影响,从 15 种钢的疲劳数据中归纳出了表面缺陷的疲劳门槛应力强度因子表达式,然后导出了含表面和内部缺陷或夹杂物钢的疲劳强度。

含非金属夹杂物的高强度钢的疲劳强度可以表示为:

$$\sigma_{\mathrm{in,w}}=\frac{C(\mathrm{HV}+120)}{(\sqrt{area})^{1/6}} \tag{4-1}$$

式中,HV 为基体维氏硬度,$\mathrm{kgf/mm^2}$;$\sqrt{area}$ 为夹杂物在垂直于主应力轴平面上的投影面积的平方根,以后为了方便,称为夹杂物尺寸,约等于夹杂物直径。注意它在式 4-1 中的单位为 μm,在今后其他表达式中如无特别指出单位均为 μm;C 为**位置常数**,对于**表面夹杂物** $C=1.43$,**亚表面夹杂物** $C=1.41$,**内部夹杂物** $C=1.56$。

图 4-1 分别表示表面、亚表面和内部夹杂物的不同位置。

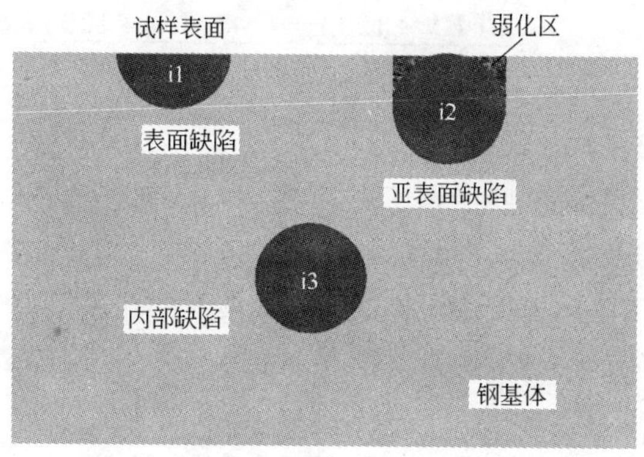

图 4-1 疲劳试样中夹杂物等缺陷的三种位置(试样横截面)

Fig. 4-1 Three types of locations of inclusion in a fatigued specimen (cross section)

4.1.2 表面粗糙度等效缺陷尺寸

Murakami 等[140]把夹杂物面积参数 $\sqrt{area}$ 引入表面机加工缺口来描述试样**表面粗糙度**对疲劳行为的影响。如图 4-2 所示,由表面沟槽的**平均深度** a 和**平均峰间距** $2b$,定义一个**等效缺陷尺寸** $\sqrt{area_{\mathrm{R}}}$:

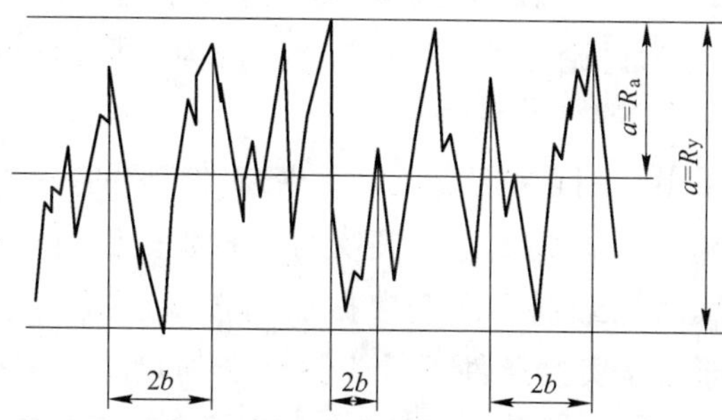

图 4-2 表面粗糙度的深度和间距的定义示意图[8]

Fig. 4-2 Definition of depth a and pitch $2b$ in surface roughness[8]

$$\frac{\sqrt{area_{\mathrm{R}}}}{2b}=2.97\left(\frac{a}{2b}\right)-3.51\left(\frac{a}{2b}\right)^2-9.74\left(\frac{a}{2b}\right)^3,\frac{a}{2b}\leqslant 0.195 \tag{4-2}$$

$$\frac{\sqrt{area_{\mathrm{R}}}}{2b}\approx 0.38,\frac{a}{2b}>0.195 \tag{4-3}$$

这个大小为 $\sqrt{area_{\mathrm{R}}}$ (μm)的表面等效缺陷相当于同样尺寸的表面夹杂物,它导致的疲劳强度:

$$\sigma_{\mathrm{R,w}}=\frac{C(\mathrm{HV}+120)}{(\sqrt{area_{\mathrm{R}}})^{1/6}}=\frac{1.43(\mathrm{HV}+120)}{(\sqrt{area_{\mathrm{R}}})^{1/6}} \tag{4-4}$$

式中，因为在表面，$C=1.43$。

Itoga 等人[8]曾用该模型估算了一种 Cr-Ni-Mo 高强度钢在四种不同粗糙度时的疲劳强度，发现使用 $a=R_a$时的最大误差较小，比用 $a=R_y$时要准确得多，原因是最深的沟槽(R_y)出现在漏斗状试样有效截面的几率很小。本章因用类似试样，故也采用 $a=R_a$这个结果进行讨论。

4.2 临界夹杂物尺寸的估计[141]

4.2.1 临界夹杂物尺寸的定义

非金属夹杂物是影响高强度钢疲劳性能的一种主要缺陷。定义疲劳条件下的临界夹杂物尺寸为不引起疲劳破坏的最大夹杂物尺寸。换句话说，在某一外加疲劳应力幅 σ_a 下，疲劳裂纹优先从产生最大应力强度因子范围的缺陷处开裂，只有在夹杂物尺寸 $\sqrt{area}$满足 $\sqrt{area}\geqslant\sqrt{area_c}$时夹杂物才有可能成为疲劳断裂源，则称此 $\sqrt{area_c}$大小为“**临界夹杂物尺寸**”，低于这个尺寸，试样从其他种类的缺陷处开裂。今后为讨论方便，将夹杂物假设为球形，直径为 ϕ，则其投影面积 $area=\pi\phi^2/4$。

实验上一般采用反推方法得到疲劳条件下的夹杂物临界尺寸，见图 4-3 [142]。用所有从夹杂物处萌生裂纹的实验数据作出该夹杂物大小和夹杂物位置的关系图，然后把最低的两个数据点用直线连接，反向延长至与纵轴相交，这个纵向截距即为该实验条件下的临界夹杂物尺寸。按此方法得出的图中对应于 ADF1－880、ADF1－920 和 ADF1－940 钢在表面的临界夹杂物尺寸分别为8.0 μm、15.3 μm 和 7.3 μm；距表面 100 μm 深处的临界夹杂物尺寸分别为 15.0 μm、21.6 μm 和 14.2 μm。可见，用这种方法（旋转弯曲疲劳实验）得到的临界夹杂物尺寸随夹杂物所处深度的增加不断增大，并且假设了表面的临界值最小，这与本章后面推导出的夹杂物临界值分布有所不同。需要说明的是，由实验确定的方法需要大量的疲劳试样以及疲劳断口。在测试的试样有效体积内一般总会有超过临界尺寸的粗大夹杂物，疲劳裂纹往往就在大于临界尺寸的夹杂物处萌生，因而用这种方法推求出的临界夹杂物尺寸会明显偏大；再者如果断裂的试样数量少，又很容易造成较大的误差。

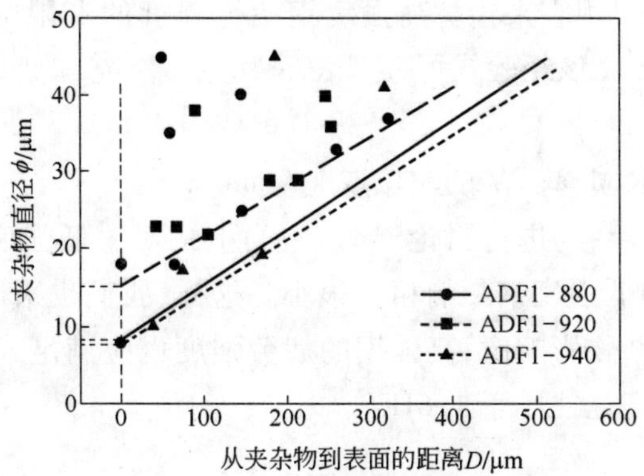

图 4-3 夹杂物尺寸 ϕ 和所处深度 D 的关系[142]

Fig. 4-3 Relationship between inclusion size ϕ and distance D from the inclusion to the specimen surface[142]

4.2.2 临界夹杂物尺寸的估算

一般来说,高强度钢的疲劳裂纹起源是一个试样表面基体组织缺陷和所含非金属夹杂物相互竞争的结果。这里讨论以下两种情况:

(1) 当试样表面足够光滑时,疲劳裂纹是产生于表面基体显微缺陷(包括晶内滑移带、晶界、相界等)还是产生于非金属夹杂物的竞争;

(2) 当试样表面存在一定的粗糙度时,疲劳裂纹是产生于表面加工沟槽还是产生于非金属夹杂物的竞争。

4.2.2.1 高强度钢基体的疲劳强度

Taira 等[143]发现低碳钢基体的疲劳强度 σ_{-1} 和平均晶粒尺寸 d 之间满足 Hall-Petch 型关系:

$$\sigma_{-1} = 114 + 0.329d^{-1/2}$$

后来,Morris 等[144]认为在马氏体钢中,d 应该用马氏体板条束的平均直径 d_M来代替:

$$\sigma_{-1} = \sigma_0 + k(d_M)^{-1/2}$$

式中,σ_0、k 为材料常数。

Tanaka 等[72]运用位错模型也估算出了钢的疲劳强度。该模型的缺点是所含物理量多并且有的量又难以确定。

幸运的是,对中低强度钢来说,可用一个简洁的经验表达式来表示其疲劳强度。Murakami 等[140]用它来代替高强度钢疲劳强度的上限,即代替高强度钢基体的疲劳强度 $\sigma_{M,w}$。该经验式可近似表示为:

$$\sigma_{M,w} \approx 1.6HV \tag{4-5}$$

式中,$\sigma_{M,w}$的单位取 MPa;HV 的单位取 kgf/mm^2。

本章将采用式 4-5 进行讨论[141]。因为上式对中低强度钢很适用,那主要是因为夹杂物对中低强度钢影响相对很小。这样,我们也采用了 Murakami 的假设,即假定未有夹杂物影响时,高强钢的疲劳强度也应满足式 4-5,而有夹杂物影响时,则疲劳强度往往小于 1.6HV。

4.2.2.2　表面光滑试样的临界夹杂物尺寸 $\sqrt{area_{in,M,c}}$

当试样表面加工得比较光滑时,高强度钢的**疲劳裂纹源**即为钢基体本身缺陷与非金属夹杂物的竞争。

假设在外加应力幅 σ_a 超过疲劳强度,并且由钢基体微观缺陷导致的疲劳强度 $\sigma_{M,w}$大于夹杂物导致的疲劳强度 $\sigma_{in,w}$,即在满足 $\sigma_a > \sigma_{M,w} > \sigma_{in,w}$时,裂纹起源于夹杂物,那么,在临界状态时,上式的不等号变为等号,则将式 4-1 和式 4-5 联立起来,很容易推导出与基体有关的这个临界夹杂物的尺寸。

为了讨论方便,以下均假设夹杂物为球形(表面夹杂物为半球形),表面夹杂物等效面积和半球形夹杂物直径的换算关系为:$\phi = \sqrt{8/\pi}\sqrt{area}$,亚表面以及内部球形夹杂物的换算关系为:$\phi = \sqrt{4/\pi}\sqrt{area}$。对于半球形表面夹杂物、球形亚表面夹杂物和球形内部夹杂物,其临界直径分别为:

$$\phi_{M,c} = \begin{bmatrix} 0.813 \\ 0.528 \\ 0.969 \end{bmatrix} \left(1 + \frac{120}{HV}\right)^6 \tag{4-6}$$

由此可以看出:

(1) 随着钢的硬度(或强度)的增加,临界夹杂物尺寸越来越小,这也意味着夹杂物对疲劳破坏的作用增大。

(2) 临界夹杂物尺寸与位置有关,亚表面的临界夹杂物尺寸最小。球形临界夹杂物尺寸与钢基体硬度的关系见图 4-4。对于超高周疲劳,疲劳从内部夹杂物处起裂,当表面加工状态良好的高强度钢硬度在 HV 400 ~ 600 时,其临界夹杂物尺寸约为 5 ~ 3 μm。

4.2.2.3　试样表面有一定粗糙度的临界夹杂物尺寸 $\sqrt{area_{in,R,c}}$

对于表面具有一定粗糙度的试样,同样假设在外加应力幅 σ_a 超过疲劳强度

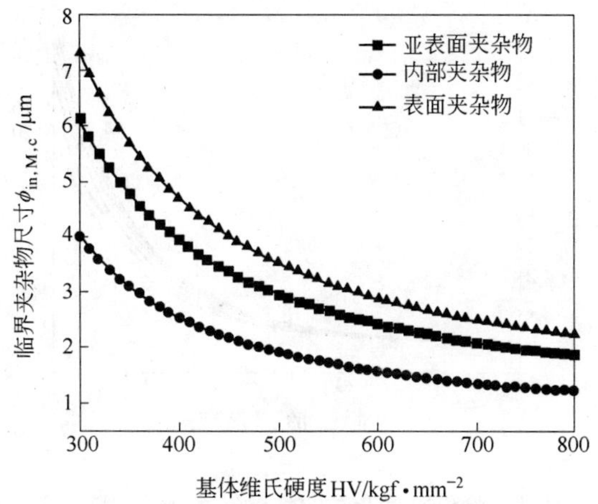

图 4-4 临界夹杂物尺寸 $\phi_{in,M,c}$与钢基体硬度 HV 的关系

Fig. 4-4 Relationship between $\phi_{in,M,c}$ and hardness HV of steel matrix

时,如果钢基体表面粗糙度导致的疲劳强度 $\sigma_{R,w}$大于夹杂物导致的疲劳强度 $\sigma_{in,w}$,即在满足 $\sigma_a > \sigma_{R,w} > \sigma_{in,w}$时,裂纹将从夹杂物处起源。那么,在临界状态时,上式的不等号变为等号,再将式 4-1 和式 4-4 联立,很容易推导出这时的临界夹杂物尺寸。同样,在夹杂物为球形(表面夹杂物为半球形)时,表面夹杂物、亚表面夹杂物和内部夹杂物的临界直径分别约为:

$$\phi_{R,c} = \begin{bmatrix} 1.60 \\ 1.06 \\ 1.91 \end{bmatrix} \sqrt{area_R} \tag{4-7}$$

图 4-5 给出了最危险位置(亚表面)的临界夹杂物尺寸 $\phi_{R,c}$随表面加工尺寸 a 的变化关系。当试样表面加工较粗糙,a 比较大时,使得 $\sqrt{area_R}$ 也较大(见式 4-2),也就是临界夹杂物尺寸也较大(见式 4-7 和图 4-5)。可见,临界夹杂物尺寸不仅与试样表面加工粗糙度紧密相关:试样表面加工越好,临界夹杂物尺寸越小,说明由表面粗糙度引起的开裂转向由夹杂物引起的开裂的可能性变大了;反之,表面加工越粗糙,从表面刀痕处开裂的可能性增大,由夹杂物引起的开裂的可能性变小了,使得临界夹杂物尺寸增大。

4.2.2.4 光滑表面的界定

根据以上分析,临界夹杂物尺寸是与试样表面的粗糙和光滑情况有关的。现在的问题是如何界定表面是光滑还是粗糙? 如果试样表面的粗糙度大,疲劳

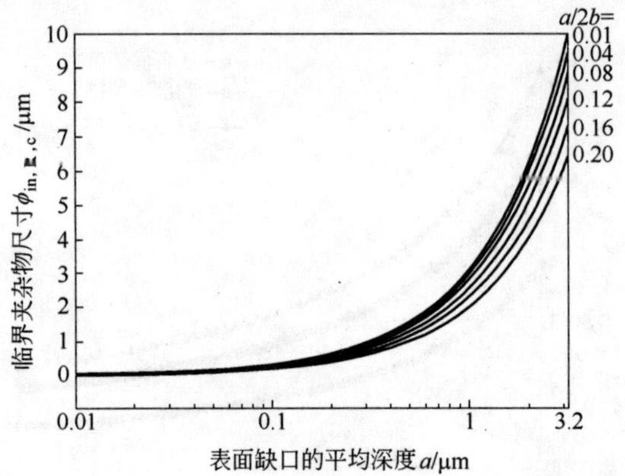

图 4-5　不同$(a/2b)$时最危险位置夹杂物的临界尺寸$\phi_{in,R,c}$随粗糙度参数a的变化关系

Fig. 4-5　At the most dangerous location, the critical inclusion size, $\phi_{in,R,c}$, varying with a for different$[a/(2b)]$s

强度将由表面粗糙度影响，即此时的疲劳强度$\sigma_{R,w}$将小于由基体确定的疲劳强度$\sigma_{M,w}$。如果试样表面粗糙度或与加工沟槽等效的缺陷尺寸$\sqrt{area_R}$变小(如图4-6中的右半部分)，使得由粗糙度引起的疲劳强度$\sigma_{R,w}$增大，直到表面粗糙度的等效缺陷尺寸达到一个临界值，小于该尺寸表面就可以认为是"**光滑**"的。换句话说，表面具有如此低的缺口深度将对疲劳性能没什么影响。此时由粗糙度引起的疲劳强度$\sigma_{R,w}$应该等于基体疲劳强度$\sigma_{M,w}$，则由式4-4和式4-5可得：

$$\sqrt{area_{R,s}} = \left(\frac{1.43}{1.6}\right)^6\left(1+\frac{120}{HV}\right)^6 \tag{4-8}$$

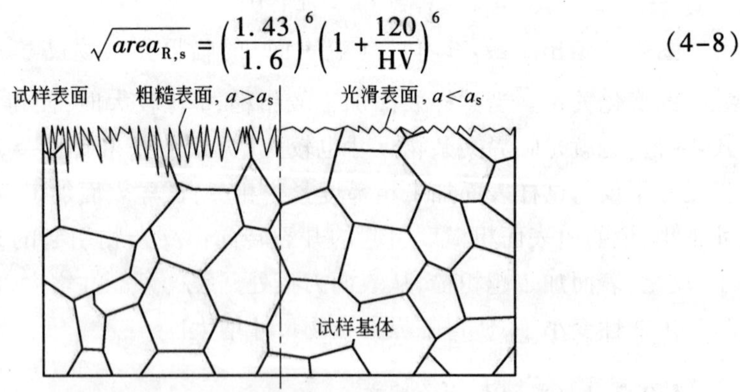

图 4-6　试样表面加工形貌示意图(右半部分是"光滑"的)

Fig. 4-6　Schematic diagram illustrating the appearance of specimen surface, the right zone regarded as "smooth"

此处 $\sqrt{area_{R,s}}$ 为临界粗糙度尺寸。当然,此时往往满足 $a \ll 2b$ 时,考虑到式 5-2($\sqrt{area_R} \approx 2.97a$),上式可写为:

$$a_s \approx 0.1716\left(1+\frac{120}{HV}\right)^6 \tag{4-9}$$

这个 a_s(或 $\sqrt{area_{R,s}}$)即是试样满足“光滑”条件的上限。如果试样表面加工粗糙度低于该值,就可称该表面是“光滑”的。这时表面粗糙度已经不能显著影响表面基体的开裂,即加工沟槽的深浅变化不再影响材料的疲劳性能。

图 4-7 给出了不同强度(硬度)钢对应的这个“光滑”条件 a_s 值。一般的砂纸抛光,容易使试样表面粗糙度达到 a 或 $R_a = 0.8$ μm(∇7,GB1031—83),这对于硬度 HV = 410($\sigma_b \approx 1300$ MPa)以下的钢,已经是足够“光滑”了。但随着钢硬度或强度的提高,临界值 a_s(或 $\sqrt{area_{R,s}}$)逐渐变小,即对表面的光洁度要求越高,如对于 HV = 600($\sigma_b \approx 1900$ MPa)的高强度钢,必须要求 a 或者 R_a 在 0.51 μm(约∇8,GB1031—83)以下才能认为是“光滑”的。

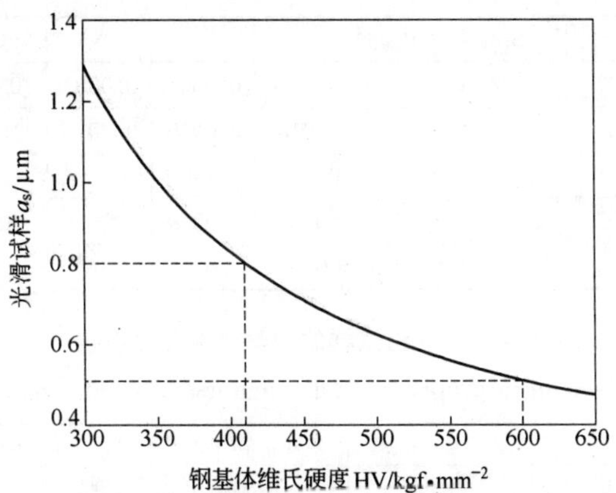

图 4-7 光滑试样表面加工沟槽平均深度上限 a_s 与硬度 HV 的关系

Fig. 4-7 Relationship between HV and the upper limit of the average depth of surface notches, a_s, below which the depth of notches can not yet influence on the fatigue crack initiation

至此,可得出以下两点结论:

(1) 当试样表面粗糙度较大($a > a_s$)时,显然临界夹杂物尺寸 ϕ_c 是由表面粗糙度决定的,即:

$$\phi_c = \phi_{R,c} \tag{4-10}$$

(2) 如果试样表面足够光滑($a < a_s$)时,此时表面粗糙度已经不足以显著影响基体的开裂,临界夹杂物尺寸 ϕ_c 成为夹杂物与表面基体中其他显微缺陷竞争的结果,即:

$$\phi_c = \phi_{M,c} \tag{4-11}$$

4.3　实验及其结果

4.3.1　实验材料和实验方法

实验中用了三种化学成分略有变化的 42CrMo 钢,其中一种超纯净钢(**零夹杂钢**,简称 Z 钢),两种商业钢(分别简称 C1 和 C2 钢),还有两种弹簧钢 50CrV4 和 54SiCrV6(分别简称 S1 和 S2 钢)。Z、C1 和 C2 每种钢各有两种热处理制度,加上两种弹簧钢,这样总共得到了 8 组试样(热处理制度见文献[11,141])。它们的主要化学成分、力学性能及试样的表面粗糙度参数分别见表 4-1 和表 4-2。试样尺寸与形状见图 4-8[11,141]。

表 4-1　三种 42CrMo 钢和两种弹簧钢的化学成分(质量分数,%)

Table 4-1　Chemical composition (wt. %) of three 42CrMo steels and two spring steels

试样	C	Mn	Si	P	S	O	N	Cr	V	Mo
Z	0.43	0.02	0.32	0.002	0.0007	0.0004	0.0003	0.90		0.26
C1	0.44	0.65	0.33	0.023	0.018	0.0060	0.0070	1.04		0.19
C2	0.40	0.58	0.26	0.014	0.009			0.99		0.18
S1	0.51	0.95	0.30	≤0.015	≤0.015	0.0029		1.10	0.13	
S2	0.56	0.70	1.45	≤0.015	≤0.010	0.0022		0.65	0.15	

表 4-2　8 组试样的力学性能和粗糙度

Table 4-2　Mechanical properties and roughness of eight groups of specimens

试　样	E/GPa	ρ/kg · m^{-3}	R_m/MPa	$HV_{0.5g}$/kgf · mm^{-2}	R_a/μm
Z - 1	210	7850	1480	444	0.30
Z - 2	210	7850	1197	400	0.30
C1 - 1	210	7850	1460	473	0.30
C1 - 2	210	7850	1014	387	0.30
C2 - 1	209.5	7840	1371	415	0.30
C2 - 2	209.5	7840	1215	369	0.30
S1	209	7830	1780	519	0.15
S2	209	7750	1729	515	0.31

注:R_a是试样表面机加工缺口深度平均值。

超高周疲劳实验在岛津 USF-2000 型超声波疲劳实验机上进行,加载应力比 $R = -1$,实验频率 20 kHz,共振时间为 150 ms,间歇时间 150 ms,室温压缩空气冷却,加载循环数最高到 10^9 周次,实验环境大气室温。

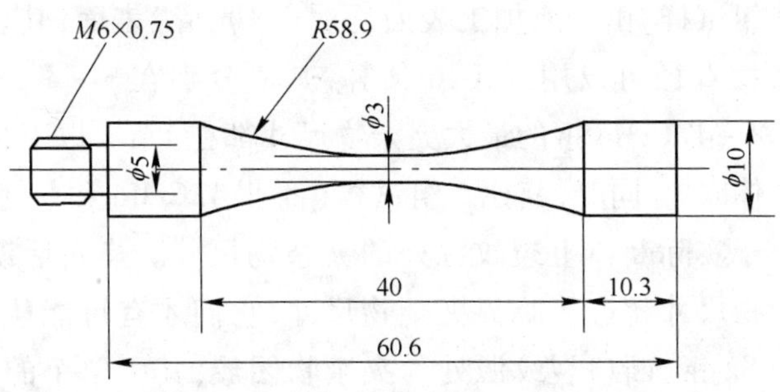

图 4-8 超高周疲劳试样尺寸

Fig. 4-8 Size and shape of sample for very high cycle fatigue testing

4.3.2 疲劳裂纹源及疲劳强度

对于两组 Z 钢试样,疲劳裂纹全部起源于试样表面基体。而对于四组商业钢试样,断裂全部起源于钢中的非金属夹杂物(包括 Al_2O_3、MgO 和 CaO),尤其是夹杂物尺寸较大的两组 C2 试样,大多数裂纹从表面夹杂物处起源;两组 C1 钢中夹杂物较小,裂纹大多数起源于内部夹杂物。用升降法可求出上述材料的疲劳强度,归纳的夹杂物断裂源特点见表 4-3。表中 ϕ_{min} 是同组多个试样断口上疲劳源处发现的最小的夹杂物尺寸。

表 4-3 实验用钢的疲劳强度和疲劳裂纹源

Table 4-3 Fatigue strength of steels and the descriptions for fatigue crack initiation sites

试 样	裂 纹 源	夹杂物直径 ϕ_{min}/μm	夹杂物位置
Z-1	表面基体		
Z-2	表面基体		
C1-1	单个夹杂物	17.0	表 面
C1-2	单个夹杂物	23.3	内 部
C2-1	单个夹杂物	22.7	表 面
C2-2	单个夹杂物	20.0	表 面
S1	单个夹杂物 或夹杂物团簇	4.5	内 部
S2	夹杂物团簇	5.2①(1.5②)	内 部

① 裂纹源的夹杂物团簇的最小直径;
② 该最小团簇中最大单个夹杂物直径。

4.3.3 分析与讨论

4.3.3.1 实验用钢的临界夹杂物尺寸估算

利用前述结果估算了本实验 8 组试样的临界夹杂物尺寸,见表 4-4。对于本章实验所用8组试样，由于所加工表面均属于“光滑”表面，其表面、亚表面和内部的临界夹杂物直径可以用式4-6估算，其值分别在3 ~ 4 μm、2 ~ 3 μm和4 ~ 5 μm范围。Z - 42CrMo钢的最大夹杂物尺寸都在1 μm以下，所以两组试样均起裂于表面基体[11]。同时，其他5组试样（商业42CrMo和S1）估算的临界夹杂物尺寸也都小于实际断口上裂纹源处的夹杂物尺寸。换句话说，正是由于这四组钢中的夹杂物尺寸超过了临界夹杂物尺寸，它们才有可能从夹杂物处萌生疲劳裂纹。对于S2钢，断口裂纹源处为**夹杂物团簇**，其中单个的夹杂物尺寸可能小于临界尺寸，但夹杂物团簇所含夹杂物面积之和较大，其等效直径大于临界尺寸，因此也可以从夹杂处疲劳破坏。

表4-4中所有结果都间接证明了本章估算方法的有效性。随后根据我们积累的大量的其他一些高强度钢的疲劳断口上裂纹起源处夹杂物尺寸，绘制了图4-9，可见高强度钢的临界夹杂物尺寸确实在约3 ~ 5 μm，也进一步验证了我们估算方法的有效性。

表4-4　临界夹杂物尺寸估算

Table 4-4　The estimation of critical inclusion size for present steels

试样	HV /kgf · mm^{-2}	a/μm	$a/2b$	a_s/μm	临界夹杂物尺寸估算值 ϕ_c/μm			断口测量结果	
					表面	亚表面	内部	最小直径 ϕ_{min}/μm	夹杂物位置
Z - 1	444	0.30	约等于0	0.72 > a	3.4	2.2	4.1	—	—
Z - 2	400	0.30	约等于0	0.83 > a	3.9	2.6	4.7	—	—
C1 - 1	473	0.30	约等于0	0.67 > a	3.2	2.1	3.8	17.0	表面
C1 - 2	387	0.30	约等于0	0.87 > a	4.1	2.7	4.9	23.3	内部
C2 - 1	415	0.30	约等于0	0.79 > a	3.7	2.4	4.5	22.7	表面
C2 - 2	369	0.30	约等于0	0.93 > a	4.4	2.9	5.3	20.0	表面
S1	519	0.14	约等于0	0.60 > a	2.8	1.8	3.4	4.5	内部
S2	515	0.31	约等于0	0.60 > a	2.9	1.9	3.4	5.2①(1.5②)	内部

① 裂纹源的夹杂物团簇的最小直径；
② 该最小团簇中最大单个夹杂物直径。

但是，很难准确地从实验上验证临界夹杂物尺寸，这主要是因为实际上试样有效实验体积内的大量夹杂物中一般总会有超过临界尺寸的夹杂物，而疲劳裂纹总是优先从这些大夹杂物处起源。这一特点，不仅使得一般实验外推的方法求得的临界夹杂物尺寸可能偏大，而且断口上出现的裂纹源处的最小夹杂物尺寸常常会高出估算的临界值。这就要求必须结合夹杂物在有限体积内的统计分布特点进行更为细致的工作。

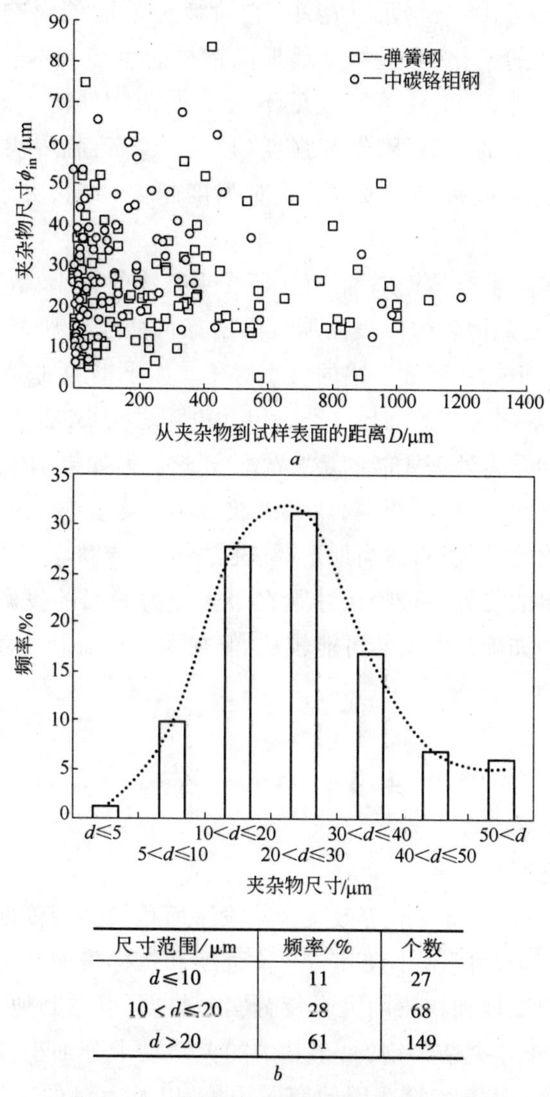

尺寸范围/μm	频率/%	个数
$d≤10$	11	27
$10<d≤20$	28	68
$d>20$	61	149

b

图 4-9 高强度钢 244 个旋转弯曲和超声波拉压疲劳断口裂纹源处夹杂物尺寸及位置和相关尺寸的统计分布

a—夹杂物尺寸及位置;*b*—夹杂物尺寸的统计分布

Fig. 4-9 The inclusion size and position as well as the size distribution of 244 inclusions at fatigue origins of high strength steels under rotating bending fatigue and tension - compression ultrasonic fatigue testing

a—inclusion size and position; *b*—statistical distribution of inclusion size

4.3.3.2 对工业生产的一些启示

根据对临界夹杂物尺寸的研究结果,可对工业生产带来以下启示:

(1) 显然,钢中的夹杂物尺寸越小,它对疲劳性能的影响就越小。但是,无限地追求夹杂物的细化,会大幅度地提高钢材的生产成本。因此,只要把夹杂物控制在临界尺寸以下,疲劳裂纹就不会从夹杂物处萌生。这对寻求经济洁净度是非常有意义的。另外,钢的强度(硬度)越高,临界夹杂物尺寸越小,越容易从夹杂物处引起疲劳破坏,因此对强度越高的钢,夹杂物控制应该越严格。

(2) 对某一实际生产的钢来说,钢中所含夹杂物的大小、数量以及分布都是确定了的,其中的夹杂物和构件表面加工沟槽都可能成为疲劳裂纹发源地。而实际的裂纹源取决于二者等效缺陷的大小对比。如果钢的硬度或强度进一步提高,由于此时单由基体决定的临界夹杂物尺寸也随之变小,必须要精心地对构件表面进行机加工和抛光处理才能满足"光滑"要求。但如果钢中的夹杂物尺寸比较大,构件表面即使加工得较粗糙,疲劳裂纹也不一定会从表面萌生,因而可根据钢中所含夹杂物尺寸大小,适当地选择表面加工光洁度。

(3) 本章给出的临界夹杂物尺寸是在最大应力截面的投影尺寸,因此生产中一些塑性夹杂物如硫化物虽然可能较长,但在受力截面上尺寸往往很小,仍然可能是偏于安全的。

4.4　小　　结

本章小结如下所述:

(1) 本章主要以 Murakami 等效夹杂物投影面积模型为依据,估算了高强度钢中的"临界夹杂物尺寸"大小及其与基体强度和试样表面加工粗糙度的关系。从本实验所用几组试样和积累的大量疲劳实验数据,以及其他一些文献的疲劳实验数据来看,对于零夹杂物钢,由于其中的夹杂物十分细小,疲劳裂纹往往是从表面基体处萌生;对于实验选用的商业用钢,以及大量的其他钢种的实验数据,表明作为断裂源的最小夹杂物尺寸都比估算出的"临界夹杂物尺寸"要大,这就间接证明了本章提出的估算方法以及估算结果的有效性。

(2) 随着钢基体硬度或强度的提高,"临界夹杂物尺寸"逐渐变小,增加了夹杂物开裂的可能性,因此对强度越高的钢,夹杂物控制应该越严格;随着试样表面加工粗糙度的增加,"临界夹杂物尺寸"变大,换句话说,如果钢中的夹杂物尺寸比较大,构件表面即使加工得较粗糙,疲劳裂纹也不一定会从表面萌生。

(3) 对于超高周疲劳,当表面加工良好的高强度钢硬度在 HV400 ~ 600 时,其临界夹杂物尺寸约为 5 ~ 3 μm。

5 $S-N$曲线特性与夹杂物尺寸问题

如前所述，传统疲劳认为，钢铁材料特别是低碳钢具有疲劳极限（$10^6 \sim 10^7$ 周次的疲劳 $S-N$ 曲线出现无限水平渐进线，S 为应力幅，N 为疲劳断裂的周次），载荷低于此疲劳极限，材料或构件具有无限寿命。这种在半对数坐标下有明显拐点的 $S-N$ 曲线，是人们熟知的（见图 5-1）。至于低碳钢的 $S-N$ 曲线为什么会有这样的水平平台，人们有了一定的认识。有人将低碳钢的**物理屈服点**现象与疲劳 **$S-N$ 曲线平台**现象（疲劳极限）建立了联系，归因于在形变过程中的应变时效现象[145]。所谓**应变时效**，是指在钢中，移动着的溶质原子（如 C，N）和运动中的位错发生交互作用时所出现的一种强化现象。低碳钢中的疲劳是一个**位错增殖**造成的**损伤**与**加工硬化**和**应变时效**造成的强化相互竞争的结果。疲劳极限就是这样的最高应力，在此时损伤与强化效应达到平衡[145]。

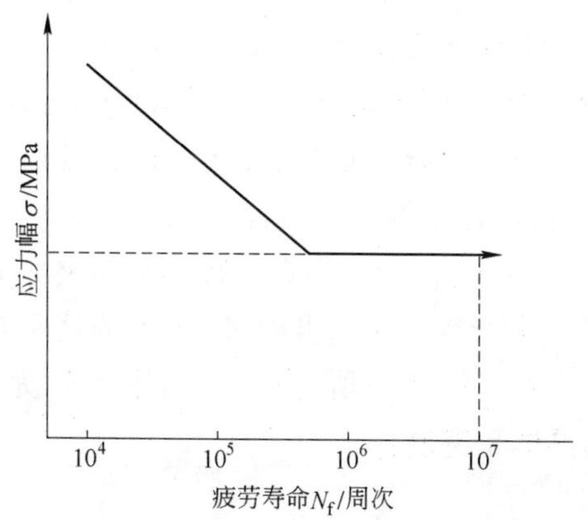

图 5-1　低碳钢疲劳 $S-N$ 曲线示意图

Fig. 5-1　Schematic $S-N$ curve of low - carbon steel

对于高强度钢，近年来人们认识到，在超高周疲劳范畴内，$S-N$ 曲线有可能出现第二个较低的疲劳极限，因而 $S-N$ 曲线可表现为**台阶状**、**双 $S-N$ 曲线叠加**、或**多阶段疲劳**寿命图[109, 129,130, 146]。Mughrabi 则将其示意地画为图 5-2[147,148]。当然，实际实验 $S-N$ 曲线的各个阶段并不如此明晰，而是有一定的分散性与重叠[148]。在通常的低周疲劳范围内(LCF,阶段Ⅰ),在绝大多数情况下,疲劳失效是从表面开始的。通常的高周疲劳(HCF,阶段Ⅱ)的疲劳极限阶段可以延伸到超高周范围,此时在低于通常疲劳极限的应力水平下,疲劳失效通常都是从内部夹杂物开始,这也是超高周疲劳的第Ⅲ阶段(UHCF 或 VHCF,阶段Ⅲ)。有理由相信,在充分低的应力水平下,应该有一个**真实的疲劳极限**,即第Ⅳ阶段[147,148]。

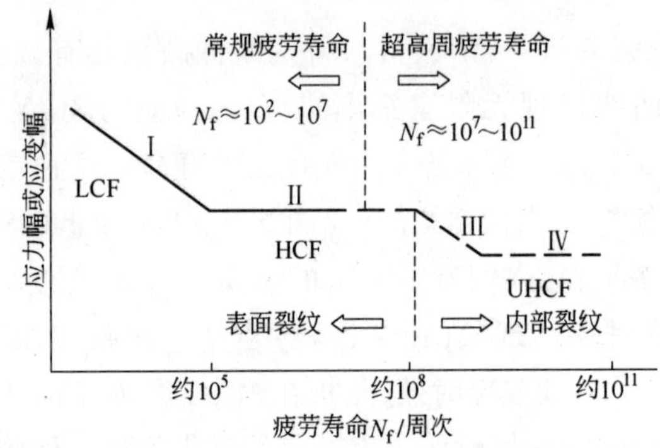

图 5-2　高强度钢的 $S-N$ 曲线示意图[147,148]

Fig. 5-2　Schematic $S-N$ curve of high strength steel[147,148]

对于高强度钢出现第Ⅱ阶段的水平平台,Terent' ev[149]提出了“**表面层硬化**”来解释。他认为在超高周疲劳情况下,试样表面仍可以由于循环形变,或者疲劳前机加工或表面硬化处理产生硬化层,该硬化层可以对表面的**挤入挤出**和一些缺口造成阻挡作用,延迟或抑制了表面裂纹的萌生。他认为这一点可以由在超长疲劳范畴内,疲劳断裂基本上都起源于内部夹杂物而得到间接证明。Mughrabi 则提出[147,148],夹杂物的含量可能对 $S-N$ **曲线平台**有影响。如果一个圆柱状试样标距区长为 l,直径为 d;所含有的夹杂物直径为 d_i,体积分数为 n_i,则可定义一个**夹杂物临界体积密度**:

$$n_{i,crit}=\frac{1}{d_i \pi d l} \tag{5-1}$$

如果试样中夹杂物体积分数 n_i 小于临界值 $n_{i,crit}$,也就是从统计平均的意义上说,在试样标距区外表层厚度为 d_i 的体积内,将很少有夹杂物,因此可以设想表面疲劳开裂主要是由滑移引起的表面粗糙化造成的,这当然比从表面夹杂物处开裂需要时间,因而引起 $S-N$ 曲线平台后的第Ⅲ阶段,即内部夹杂物开裂(见图 5-2)。另外,当试样中夹杂物体积分数 n_i 大于临界值 $n_{i,crit}$,裂纹将在表面夹杂物处产生并以很快地速度扩展[147,148]。

随着炼钢技术的发展,特别是二次精炼技术的应用,大大提高了钢的纯净度,减少了钢中非金属夹杂物的尺寸和含量。高强度洁净钢中的夹杂物一般是由非常少的大尺寸夹杂物和大量的小尺寸夹杂物组成。大尺寸夹杂物对钢的疲劳性能有着重要的影响,尤其在超高周疲劳实验中,在长寿命区,疲劳破坏主要起源于钢中的大尺寸非金属夹杂物[114, 142, 150~153]。然而,在一般的高强度钢中,疲劳断口分析表明夹杂物尺寸大都在 10 μm 以上[3, 6],而且还没有将夹杂物尺寸与 $S-N$ 曲线建立起联系,特别是当钢中的夹杂物尺寸小于 10 μm 甚至更小时,对钢的疲劳性能会有什么影响? $S-N$ 曲线的特点是什么? 对这些问题,目前报道得还不多。

汽车轻量化和铁路提速的发展要求提高弹簧的强度和安全性,**弹簧钢**的高强度化和高洁净化是满足高强度弹簧发展的必要条件。本章以含有小尺度夹杂物的高洁净高强度弹簧钢 54SiCrV6、50CrV4 和 54SiCr6 为实验材料,研究夹杂物对高强度弹簧钢超高周疲劳破坏行为的影响。另外,选用含有较大夹杂的商业弹簧钢 50CrV4 作相同的超高周疲劳实验进行了对比[154]。

前已指出,在传统的疲劳实验中,低中强度钢的 $S-N$ 曲线由两部分组成,一部分为有限寿命的斜线,而另一部分对应于无限寿命的水平渐近线,水平部分的起始点约在 10^6 循环周次附近。水平台阶以上,大部分疲劳失效起源于试样的表面。而当夹杂物尺寸不同,在超高周疲劳范畴内,$S-N$ 的曲线的形状和特点与夹杂物尺寸的关联是令人感兴趣的问题之一[154]。本章则是重点探讨这个问题。

5.1 实验材料与方法

实验用高洁净 50CrV4 和 54SiCrV6 弹簧钢在冶炼过程中均采用硅脱氧方法降低钢中的氧含量,利用炉外钢包精炼和真空脱气技术降低钢中有害元素的含量,从而降低钢中非金属夹杂物的尺寸和数量。为了把钢中夹杂物降到更低程度,超洁净 54SiCr6 钢在冶炼过程中采用先进的冶炼方法和工艺降低有害元素和夹杂物的含量。商业 50CrV4 钢则采用大生产工艺冶炼。表 5-1 为四种钢的化学成分。可以看出,商业 50CrV4 钢中有害元素含量明显高于其他三种洁净钢。

在实验前,同样首先测出四种材料的密度与杨氏模量。根据材料的密度与弹性模量确定超声波疲劳实验的试样尺寸。试样的形状与第 4 章图 4-8 试样的形状相同,主要区别是在中间圆弧两端的肩部长度略有变化,这里不再重复。拉伸试样采用标准尺寸($l_0=5d_0, d_0=5$ mm)。试样粗加工后留出足够的加工余量,然后在真空热处理炉中进行热处理。两种 50CrV4 钢采用相同的热处理工艺，热处理参数为：奥氏体化温度为 860 ℃，保温 30 min，然后油淬；回火温度为 440 ℃，保温 40 min，炉外空冷至室温。54SiCrV6 和 54SiCr6 钢的热处理工艺相同，为 870 ℃奥氏体化 1 h 后油淬，随后在 430 ℃回火 45 min 后空冷。上述热处理工艺的选择与工业生产采用的工艺一致。热处理后对试样进行精加工，去掉表面的氧化脱碳层。最后用 1200#细砂纸对超声波疲劳试样中间部位沿轴向进行仔细的机械抛光处理，去掉表面横向加工刀痕的影响，同时也减弱了**残余应力**的影响。

表 5-1　四种弹簧钢的化学成分（质量分数，%）

Table 5-1　Chemical compositions of four spring steels（wt，%）

钢　种	C	Mn	Si	Cr	V	S	P	Al
商业 50CrV4	0.51	0.93	0.32	1.02	0.11	≤0.030	≤0.030	0.027
洁净 50CrV4	0.51	0.95	0.30	1.10	0.13	≤0.015	≤0.015	0.020
洁净 54SiCrV6	0.56	0.70	1.45	0.65	0.15	≤0.010	≤0.015	0.005
超洁净 54SiCr6	0.56	0.70	1.45	0.65	—	≤0.010	≤0.012	0.005

拉伸实验在 MTS 810 型液压伺服实验机上进行，拉伸应变速率为 $4\times10^{-3}\ s^{-1}$，力学性能取三个试样的平均值。表 5-2 为 4 种弹簧钢的常规力学性能和有关物理参数。商业 50CrV4 钢的强度略低于其他三种洁净钢，但也接近 1700 MPa。三种洁净钢的抗拉强度相差不大，都在1700 MPa 以上。超高周疲劳实验在岛津 USF-2000 型超声波疲劳实验机上进行，加载频率 20 kHz，共振时间为 150 ms，间歇时间 150 ms，载荷比 $R=-1$。实验时采用压缩空气对试样进行冷却。

表 5-2　四种弹簧钢的物理和力学性能

Table 5-2　Physical and mechanical properties of four spring steels

钢　种	E/GPa	ρ/g · cm^{-3}	$R_{p0.2}$/MPa	R_m/MPa	A/%	HV/kgf · mm^{-2}
商业 50CrV4	206.5	7.84	1587	1680	12	506
洁净 50CrV4	209.4	7.83	1628	1750	11.8	519
洁净 54SiCrV6	208.7	7.75	1594	1729	12.0	515
超洁净 54SiCr6	209.6	7.77	1573	1743	8.3	500

将热处理后的金相样品在砂纸上进行机械研磨，然后进行抛光处理，采用脱脂棉蘸 5% 的硝酸酒精擦拭抛光表面，显出显微组织形貌后立即用水清洗，然后用酒精冲洗干净，并用电吹风吹干，在 Leica-MEF4M 型金相显微镜上观察。所有疲劳断口利用 LEO-SUPER35 场发射扫描电子显微镜（FESEM）观察疲劳断口形

貌。利用日本岛津 EPM1610 型电子探针微观分析技术(EPMA)测量疲劳源区的元素面分布。利用 MVK-H3 型维氏显微硬度仪测量回火后的材料硬度,测量前对试样表面进行机械研磨,最后进行机械抛光处理,测量 5 点求平均值,加载载荷为 500 g。

5.2 实验结果

5.2.1 微观组织

图 5-3 为 4 种高强度钢的微观组织照片。可以看出,四种钢的回火组织均

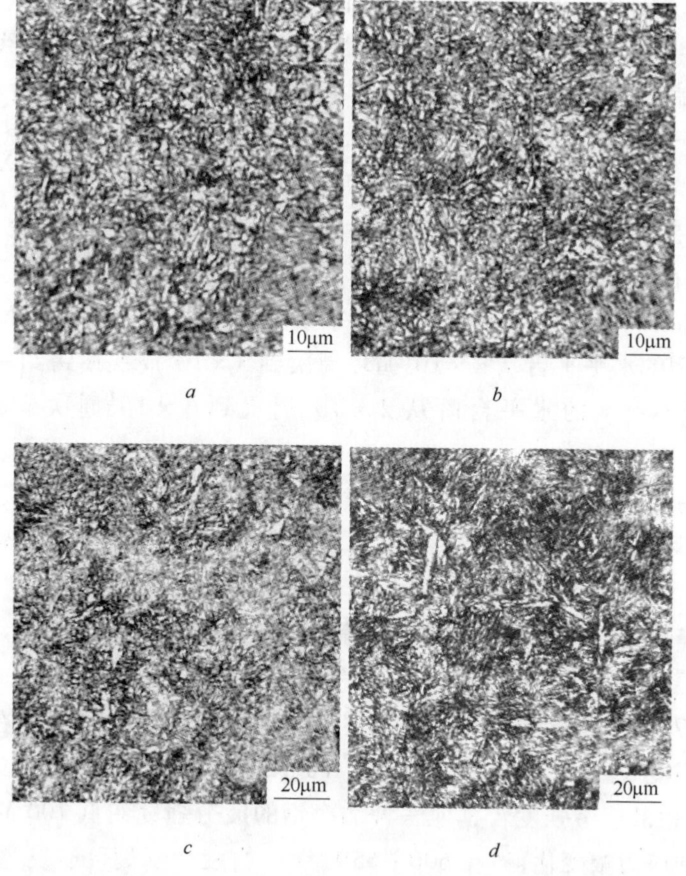

图 5-3 回火后 4 种弹簧钢的显微组织形貌

a—商业 50CrV4;*b*—洁净 50CrV4;*c*—洁净 54SiCrV6;*d*—超纯净 54SiCr6

Fig. 5-3 Microstructures of four spring steels after tempering

a—commercial 50CrV4;*b*—clean 50CrV4;*c*—clean 54SiCrV6;*d*—super clean 54SiCr6

为**板条马氏体**,其中两种50CrV4钢的马氏体板条尺寸相对比较均匀细小,而54SiCrV6和54SiCr6钢的显微组织相对比较粗大。

5.2.2 S N曲线

图5–4为四种高强弹簧钢的超高周疲劳S–N曲线。可以看出,四条曲线明显不同:

(1) 商业50CrV4钢的S–N曲线为**连续下降型**曲线,在10^7以后循环周次,疲劳断裂继续发生,在10^9循环周次内,不存在传统疲劳S–N曲线的水平平台,且大部分疲劳开裂起源于钢中的非金属夹杂物。

(2) 洁净54SiCrV6钢和洁净50CrV4钢的S–N曲线为**台阶型**曲线,曲线由两部分组成,一部分对应于短寿命曲线;另一部分为长寿命曲线;在中间转变应力处存在一个较短的水平台阶。在台阶以上高应力幅区,材料的疲劳破坏均起源于试样表面基体,而在水平台阶以下的超长寿命范围,疲劳断裂起源于试样内部。在水平台阶以下,曲线随着加载应力的降低而连续下降,在10^9循环周次内,疲劳极限消失;水平台阶对应的应力即为传统的疲劳极限。另外,两种钢在10^9循环周次的疲劳强度比传统疲劳强度(10^7周)约低100 MPa。同时可以看出,洁净50CrV4钢的水平台阶明显比54SiCrV6钢的台阶长,54SiCrV6钢的水平平台从2×10^5循环周次到3×10^6周次横跨约一个数量级,而洁净50CrV4钢的水平台阶从2×10^5周次到6×10^7周次横跨两个多数量级。

(3) 超洁净54SiCr6钢的S–N曲线与前面三种钢的曲线不同,在高应力幅区,疲劳破坏同样主要起源于试样表面,而在长寿命循环周次,内部疲劳破坏很少发生;在10^9循环周次内,可以认为**疲劳极限**存在。

四种弹簧钢(商业50CrV4钢、洁净54SiCrV6钢、洁净50CrV4钢和超洁净54SiCr6钢)由表面起裂到内部起裂的转变应力依次降低,分别为850 MPa、800 MPa、770 MPa和720 MPa(见表5–3)。可以求出4种弹簧钢在10^9循环周次的疲劳强度σ_9分别为632 MPa、720 MPa、725 MPa和720 MPa(见表5–3)。商业50CrV4钢的疲劳强度较其他三种洁净钢的疲劳强度约低100 MPa;同时,由于在较小的应力幅变化,如在600~650 MPa时,疲劳断裂可以发生在$10^6\sim10^9$循环周次,其**疲劳可靠性**大大降低。而三种洁净钢的疲劳强度相差不大,但是疲劳可靠性相差较大,54SiCrV6钢和50CrV4钢在$10^6\sim10^9$循环周次,仍有不少试样发生疲劳断裂,而超洁净54SiCr6钢试样在这个寿命范围很少有疲劳破坏发生,它的可靠性最高。

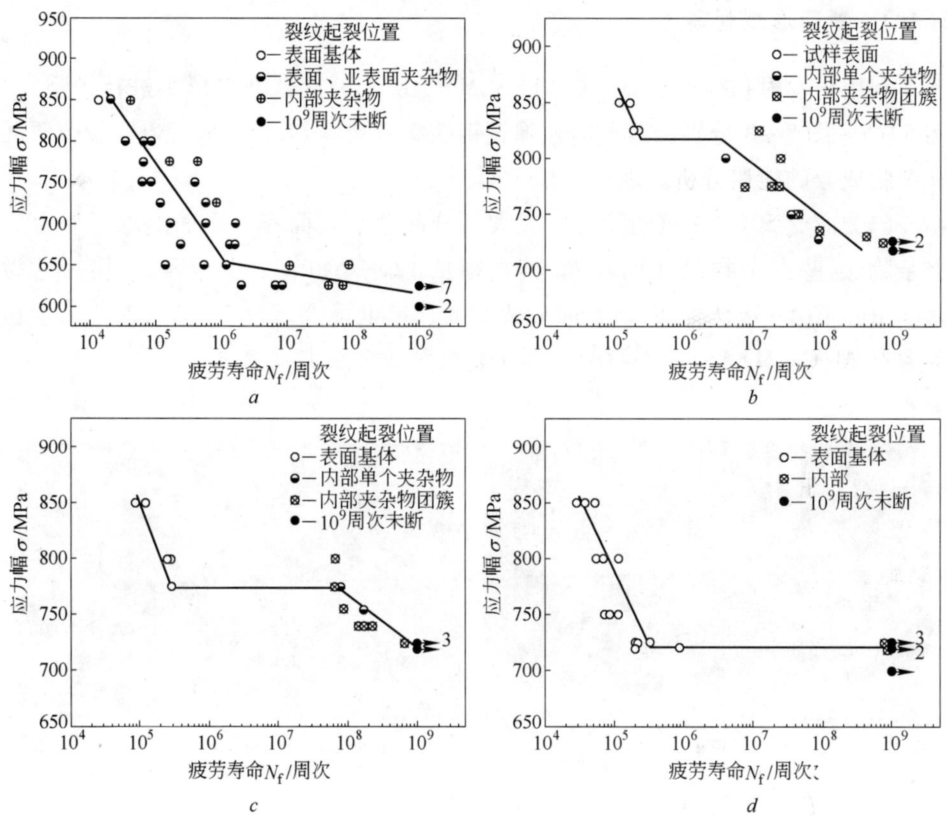

图 5-4 四种弹簧钢的超高周疲劳 $S-N$ 曲线

a—商业 50CrV4；*b*—洁净 54SiCrV6；*c*—洁净 50CrV4；*d*—超纯净 54SiCr6

Fig. 5-4 $S-N$ curves of four spring steels in the very high cycle fatigue regime

a—commercial 50CrV4；*b*—clean 54SiCrV6；*c*—clean 50CrV4；*d*—super clean 54SiCr6

表 5-3 四种弹簧钢的超高周疲劳性能

Table 5-3 Very high cycle fatigue properties of four spring steels

钢 种	平台转换应力/MPa	疲劳强度 σ_9/MPa	临界夹杂物尺寸/μm	裂纹源夹杂物尺寸/μm	夹杂物团簇尺寸/μm	σ_9/R_m
商业 50CrV4	850	632	3.47	35.6	—	0.376
洁净 54SiCrV6	800	720	3.37	2.6	7	0.416
洁净 50CrV4	770	725	3.41	2.4	4	0.414
超洁净 54SiCr6	720	720	3.52	<1.5①	—	0.413

① 夹杂物的尺寸是由抛光金相方法得到的。

5.2.3　断口形貌观察

利用场发射扫描电子显微镜(FESEM)对所有的疲劳断口形貌进行了观察，图 5－5～图 5－8 分别为四种高强弹簧钢的疲劳断口 FESEM 形貌以及疲劳源区夹杂物成分的能谱分析。观察结果表明：

(1) 商业 50CrV4 钢的疲劳开裂大部分起源于表面和亚表面的球形非金属夹杂物,这些夹杂物尺寸比较大,其直径从 12～76 μm 大小不等,平均尺寸为 35.6 μm(图 5-5*a*,*b*)。断口表面夹杂物的扫描电镜能谱分析表明,这些夹杂物为含有 Al、Ca、Mg 和 Si 的氧化物,属于复合型非金属夹杂物。

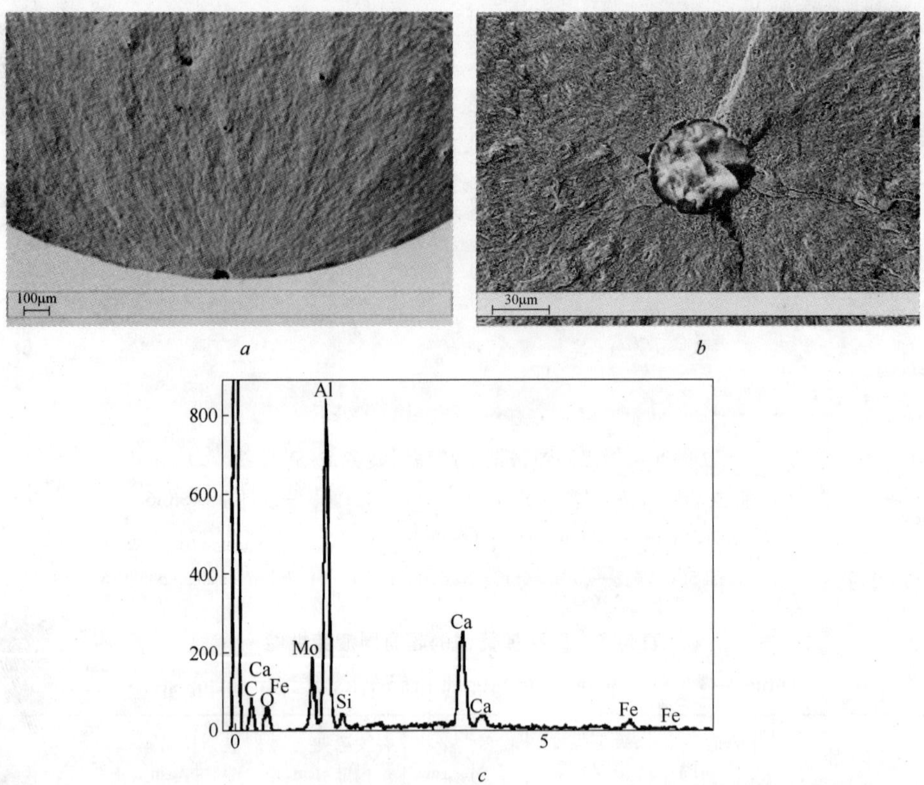

图 5-5　商业 50CrV4 弹簧钢的超高周疲劳断口 FESEM 形貌与疲劳源区的夹杂物能谱分析
a—表面夹杂物起裂；*b*—内部夹杂物起裂；*c*—夹杂物成分的 FESEM 能谱
(σ＝725 MPa, N_f＝8.28×10^5周次)

Fig. 5-5　Observation of VHCF fracture surface for commercial 50CrV4 spring steel by FESEM
a—the crack initiated from the surface inclusion; *b*—fatigue fracture originated from the internal inclusion; *c*—energy spectrum analysis of the inclusion by FESEM
(σ＝725 MPa, N_f＝8.28×10^5 cyc)

（2）洁净钢 50CrV4 和 54SiCrV6 在高应力幅区的疲劳破坏均起源于试样表面基体；在低应力幅区，疲劳开裂主要起源于试样内部的非金属夹杂物，为“鱼眼”形断裂，同时在疲劳源区存在一个非常粗糙的区域（GBF），而粗糙区域的外面却比较光滑。疲劳源区的扫描电镜观察和电子通道衬度技术分析表明，洁净钢 54SiCrV6 和 50CrV4 的内部疲劳裂纹主要起源于钢中的小夹杂物团簇，夹杂物团簇中单个夹杂物的尺寸非常小，一般小于 3 μm，但个别也有 7～8 μm 的（见图 5-6*b*,*c* 和图 5-7*b*,*c*）。这些小夹杂物形状很不规则，能谱分析表明其主要为 VC 和 MnS。

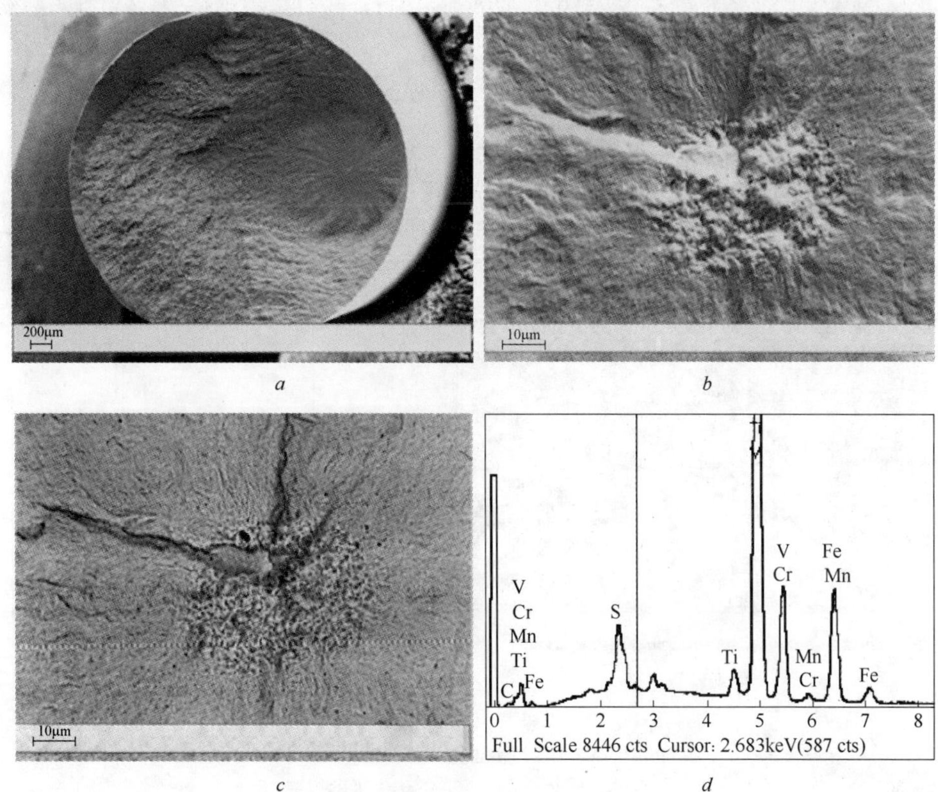

a *b*

c *d*

图5-6 洁净 54SiCrV6 弹簧钢超高周疲劳断口 FESEM 形貌和疲劳源区的夹杂物能谱分析

a—低倍；*b*—高倍；*c*—高倍电子背散射衬度像；*d*—夹杂物成分的 FESEM 能谱

（$\sigma = 730$ MPa，$N_f = 4.24 \times 10^8$ 周次）

Fig. 5-6 Fatigue fractography observed by FESEM for clean 54SiCrV6 spring steel with

a—low magnification；*b*—high magnification；*c*—high magnification of backscattered electron image；

d—energy spectrum analysis of inclusion at the fatigue origin

（$\sigma = 730$ MPa，$N_f = 4.24 \times 10^8$ cyc）

（3）超洁净钢 54SiCr6 的疲劳开裂主要起源于试样表面基体，几乎不发生内部疲劳开裂。在有限的内部疲劳开裂的疲劳源区没有发现明显的夹杂物存在。

（4）洁净钢 54SiCrV6 和 50CrV4 疲劳断口统计的单个夹杂物的平均尺寸分别为 2.6 μm 和 2.4 μm。由于超洁净钢 54SiCr6 没有疲劳开裂起源于钢中夹杂物，而利用定量金相检测结果表明钢中的最大夹杂物尺寸仅约为 1.5 μm。

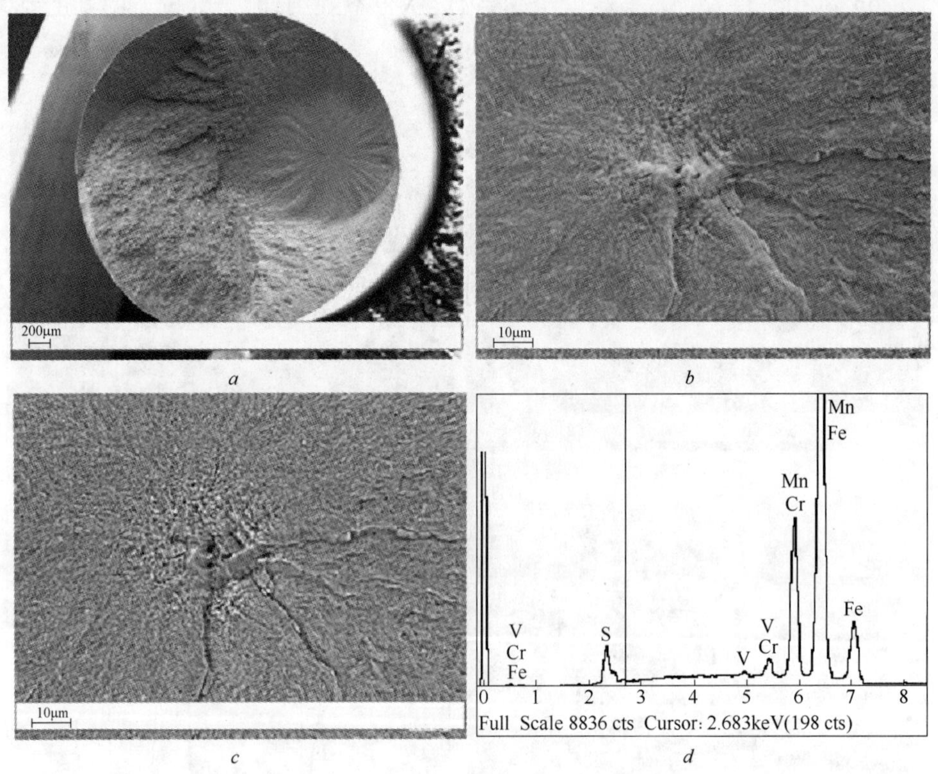

图 5-7　洁净 50CrV4 弹簧钢超高周疲劳断口的 FESEM 形貌和疲劳源区的夹杂物能谱分析

a—低倍；*b*—高倍；*c*—高倍电子背散射衬度像；*d*—夹杂物成分的 FESEM 能谱

（$\sigma = 775$ MPa，$N_f = 6.70 \times 10^7$ 周次）

Fig. 5-7　Fatigue fractography observed by FESEM for clean 50CrV4 spring steel with

a—low magnification；*b*—high magnification；*c*—high magnification of backscattered electron image；*d*—energy spectrum analysis of inclusion at the fatigue origin

（$\sigma = 775$ MPa，$N_f = 6.70 \times 10^7$ cyc）

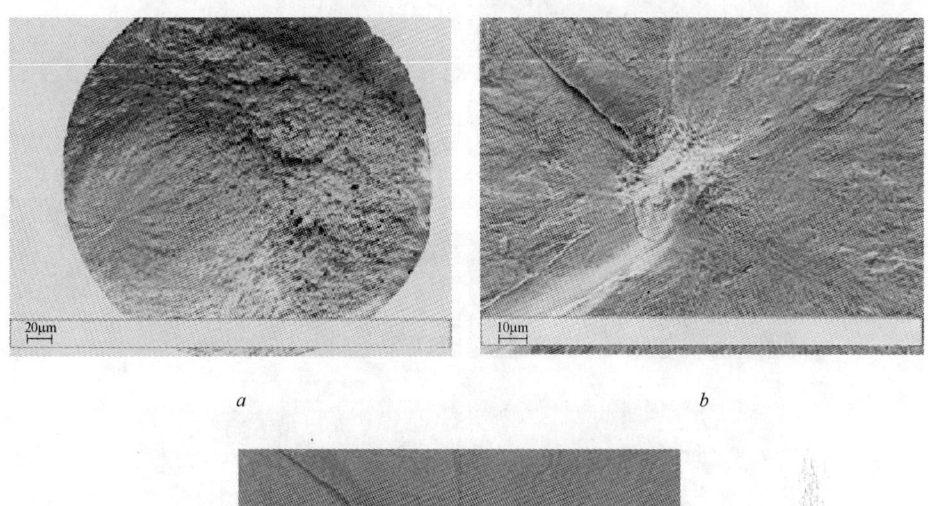

a b

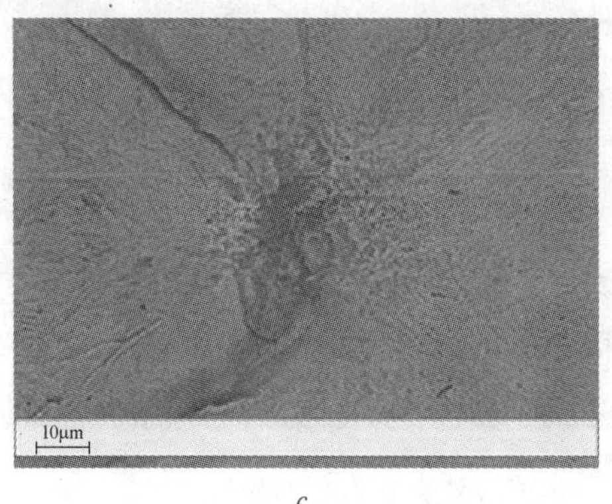

c

图 5-8 超纯净 54SiCr6 弹簧钢疲劳断口 FESEM 形貌

a—低倍;b—高倍;c—高倍电子背散射衬度像

($\sigma=720$ MPa, $N_f=8.71\times10^8$周次)

Fig. 5-8 Fatigue fractography observed by FESEM for super clean 54SiCr6 spring steel

a—low magnification; b—high magnification; c—high magnification of backscattered electron image

($\sigma=720$ MPa, $N_f=8.71\times10^8$ cyc)

5.2.4 疲劳源区的元素面分布

为了对疲劳源区夹杂物的分布和夹杂物周围 GBF 区的微区成分进行详细观察分析,利用电子探针(EPMA)对洁净钢的疲劳源 GBF 区的元素成分进行了测定。图 5-9、图 5-10 和图 5-11 分别为图 5-6、图 5-7 和图 5-8 疲劳源区的 C、V、Mn、S 和 Cr 元素面分布。检测结果表明,在疲劳断口夹杂物周围的 GBF 区富集了大量的碳元素,碳元素聚集区的大小基本上与 GBF 区的大小相等(见图 5-9a、图 5-10a 和图 5-11a)。

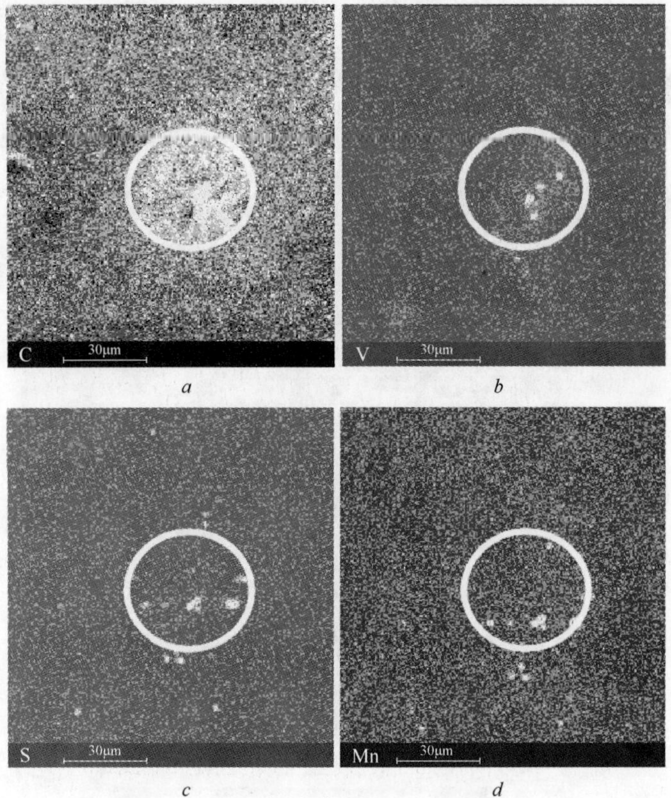

图 5-9　洁净 54SiCrV6 弹簧钢疲劳源 EPMA 元素面分布

a—C；*b*—V；*c*—S；*d*—Mn

（$\sigma=730$ MPa，$N_f=4.24\times10^8$ 周次）

Fig. 5-9　Distributions of elements C, V, S and Mn at crack initiation site measured by EPMA for clean 54SiCrV6 spring steel, showing fatigue failure initiated from the inclusion cluster of VC and MnS

a—C; *b*—V; *c*—S; *d*—Mn

($\sigma=730$ MPa, $N_f=4.24\times10^8$ cyc)

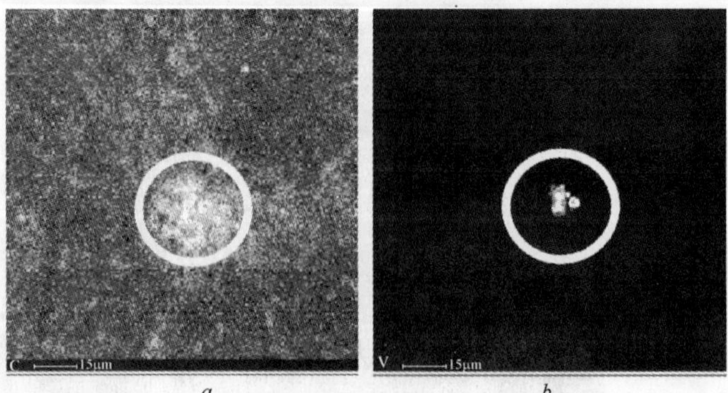

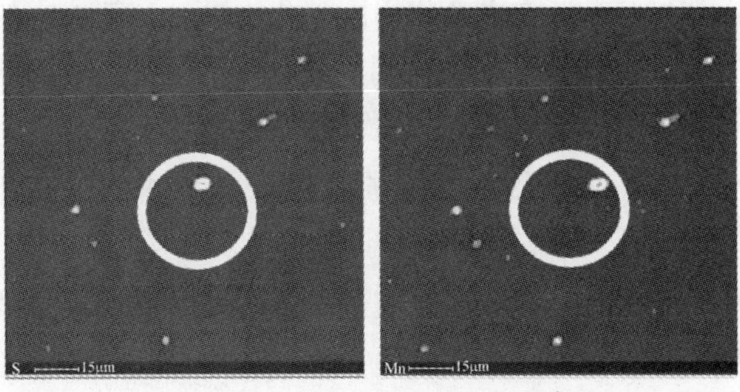

图 5-10　洁净 50CrV4 弹簧钢疲劳源 EPMA 元素面分布

a—C；*b*—V；*c*—S；*d*—Mn

（$\sigma = 775$ MPa，$N_f = 6.70 \times 10^7$ 周次）

Fig. 5-10　Distributions of elements C, V , S and Mn at crack initiation site measured by EPMA for clean 50CrV4 spring steel, showing fatigue failure initiated from the inclusion cluster of VC and MnS

a—C; *b*—V; *c*—S; *d*—Mn

($\sigma = 775$ MPa, $N_f = 6.70 \times 10^7$ cyc)

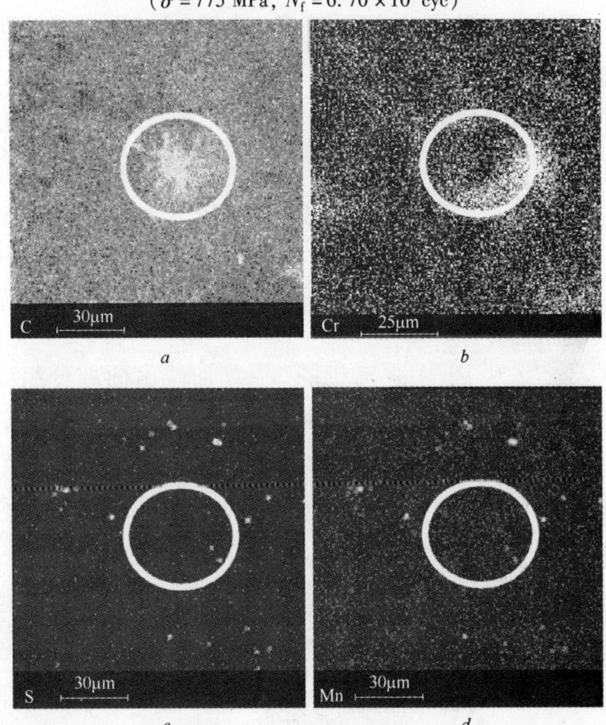

图 5-11　超纯净 54SiCr6 弹簧钢疲劳源区 EPMA 元素面分布

a—C；*b*—Cr；*c*—S；*d*—Mn

（$\sigma = 720$ MPa，$N_f = 8.71 \times 10^8$ 周次）

Fig. 5-11　Distributions of elements C, Cr, S and Mn at the crack initiation site measured by EPMA for super clean 54SiCr6 spring steel, showing no inclusion founded at the crack origin.

a—C; *b*—Cr; *c*—S; *d*—Mn

($\sigma = 720$ MPa, $N_f = 8.71 \times 10^8$ cycles)

Shiozawa 等[120]对疲劳断口夹杂物周围碳化物颗粒与基体中的碳化物颗粒尺寸进行了测量分析,认为观察到夹杂物周围碳化物的富集是由于碳化物由基体的剥离引起的。在对应的碳元素富集的区域,检测到高含量的钒元素,由于碳和钒在钢中的亲和力比较强,说明在这个区域存在小尺度的碳化物 VC。VC 在 54SiCrV6 钢的 GBF 区呈链状分布,而在 50CrV4 钢的疲劳断口为聚集的小团簇。同时,在疲劳源还检测到 MnS 夹杂物团簇。图 5-9 和图 5-10 中单个元素的检测结果表明,洁净 54SiCrV6 钢和洁净 50CrV4 钢内部疲劳断裂是由小尺度的 VC 和 MnS 夹杂物团簇引起的。文献[44]的研究说明,虽然 MnS 夹杂对疲劳裂纹的萌生作用不大,但是可以促进裂纹的扩展。而 Furuya 等[12]在研究 SUP12 弹簧钢的超高周疲劳性能时,观察到 MnS 夹杂引起的"鱼眼"形断裂。从单个元素富集区的大小,可以看出这些小夹杂物尺寸比较小,基本都在 3 μm 以下。而在超洁净 54SiCr6 钢的疲劳源粗糙区同样检测到碳元素的富集,但是由于 54SiCr6 钢中不含钒,所以没有发现 VC,但却发现 Cr 元素含量偏高。另外,疲劳源区也没有发现 Mn 和 S 元素的富集现象,但在其他地区有小的 MnS 夹杂,说明小的 MnS 夹杂物没对疲劳破坏起作用。试样疲劳断裂的可能原因是由于 C 和 Cr 的局部富集造成的。

5.3 讨　论

5.3.1 洁净高强度弹簧钢的超高周疲劳性能

在传统的疲劳实验中,低中强度钢的 $S-N$ 曲线由两部分组成,一部分为有限寿命的斜线,而另一部分对应于无限寿命的水平渐近线,水平部分的起始点约在 10^6 循环周次附近。水平台阶以上,大部分疲劳失效起源于试样的表面。造成表面起裂的影响因素比较多,普遍接受的观点有以下几种:

(1) 与内部相比,表面受到比较弱的约束;

(2) 由加工造成的表面粗糙度和由局部化的集中形变造成的表面粗糙度;

(3) 由于表面暴露在大气环境中,环境因素促进了小裂纹的产生[146]。

本章高强度弹簧钢的超高周疲劳性能研究表明,在高应力幅下,材料的疲劳破坏主要起源于表面基体,而在低应力幅下,钢中的非金属夹杂物等缺陷成为主要的裂纹源。在 10^9 循环周次内,商业 50CrV4 钢的 $S-N$ 曲线为连续下降型曲线,而洁净 54SiCrV6 钢和洁净 50CrV4 钢的 $S-N$ 曲线为台阶式曲线,曲线由两段连续下降的斜线和中间一段较短的平台组成,平台以上高应力幅低寿命部分,与传统疲劳的 $S-N$ 曲线一致,试样疲劳断裂都是起源于表面局部应力集中区域。但是,平台部分并不对应于无限的寿命,平台以后曲线很快再次下降,疲劳断裂继续发生,而这部分的疲劳破坏主要是由钢中的非金属夹杂物引起的。而超纯净 54SiCr6 钢的 $S-N$ 曲线属于传统疲劳极限型的曲线,平台以上疲劳开裂起源于试样表面,平台部分在 10^9 周次内很少发生疲劳破坏。

5.3.2 夹杂物尺寸对超高周疲劳 $S-N$ 曲线的影响

在第 4 章中已经指出,存在夹杂物尺寸的一个临界值,当钢中的夹杂物尺寸小于该临界值时,疲劳裂纹将不从夹杂物处萌生。笔者[142]在研究 42CrMoVNb 高强度钢的疲劳性能时用实验外推的方法,求得实验料表面夹杂物的临界尺寸为 7 ~ 15 μm。但是,这种外推方法一般得到的临界尺寸偏大,原因是钢中只要存在大于临界尺寸的夹杂物,疲劳破坏往往就从最大夹杂物处起源。在第 4 章,我们推导出了超高周疲劳条件下,临界夹杂物尺寸的估算公式如下[141]:

$$\phi_{\mathrm{in,c}} = C_{\mathrm{in}}\left(1 + \frac{120}{\mathrm{HV}}\right)^6 \qquad (5-2)$$

这里假设钢中的夹杂物均为球形(表面夹杂物为半球形),则式 5-2 中,$\phi_{\mathrm{in,c}}$ 为临界夹杂物的直径,单位 μm;HV 为钢基体的维氏硬度,单位 $\mathrm{kgf/mm^2}$;C_{in}为与夹杂物位置相关的系数,当夹杂物位于试样表面、亚表面和内部时,C_{in}值分别为 0.813、0.528 和 0.969。

根据式 5-2 可以计算出四种高强度钢的内部临界夹杂物尺寸,分别为 3.47 μm、3.37 μm、3.41 μm 和 3.52 μm(见表 5-3)。商业 50CrV4 钢中的夹杂物尺寸明显大于其临界尺寸,所以疲劳断裂主要起源于钢中的夹杂物,而在洁净钢中,疲劳断口的单个夹杂物平均尺寸(<3 μm)小于其临界尺寸(≤3 μm)。所以,单个夹杂物尺寸很难导致试样的疲劳破坏。但是,当钢中的小夹杂物以团簇的状态分布时,促进了疲劳裂纹的萌生和扩展,降低了材料的疲劳强度。Brooksbank 等[155~157]采用有限元方法计算了单个夹杂物和多个夹杂物周围的应力场分布,计算结果表明,当两个夹杂物的距离在三倍夹杂物半径之内时,夹杂物之间的相互作用所产生的内应力是不能忽略的,同时两个夹杂物产生的内应力场远远大于单个夹杂物产生的应力场。另外,如果把整个小夹杂物团簇中的每个小夹杂物面积累加在一起,然后对累加的面积和开方,就可以把夹杂物团簇的尺寸等效为一个大夹杂物的尺寸。我们对所有疲劳断口的小夹杂团簇等效尺寸进行了测量计算。结果表明,洁净 54SiCrV6 钢和洁净 50CrV4 钢疲劳断口的平均夹杂物团簇等效尺寸分别约为 7 μm 和 4 μm,大于估算的临界夹杂物尺寸。所以,尽管洁净 54SiCrV6 和 50CrV4 钢断口疲劳源区的单个夹杂物尺寸小于其临界尺

寸，整个团簇对疲劳性能的影响就相当于一个等效的大夹杂物，导致疲劳裂纹在夹杂物团簇处萌生，引起材料内部疲劳断裂。而在超纯净 54SiCr6 钢中，由于单个夹杂物尺寸非常小，并且分布均匀，没形成夹杂物团簇，所以没有明显的夹杂物引起的疲劳断裂发生。

本章研究结果表明，高强度钢中的非金属夹杂物尺寸对其超高周疲劳的 $S-N$ 曲线有重要的影响，图 5-12 为含有不同夹杂物尺寸的高强度钢的超高周疲劳 $S-N$ 曲线的示意图。对于目前研究的几种回火马氏体高强度钢，根据钢中夹杂物尺寸，其超高周（$N\leqslant10^9$）疲劳 $S-N$ 曲线可分为下面三种形状：

（1）当钢中的夹杂物尺寸大于约 20 μm 时，其超高周疲劳 $S-N$ 曲线为连续下降型；

（2）当钢中夹杂物（团簇）尺寸范围在约 20 μm 到临界尺寸 $\phi_{in,c}$ 之间时，超高周疲劳 $S-N$ 曲线为台阶型曲线，中间水平台阶的长度随夹杂物尺寸的减小而加长；

（3）当钢中夹杂物（团簇）尺寸小于其临界尺寸时，超高周疲劳 $S-N$ 曲线为疲劳极限型。

Furuya 等[158]和 Wang 等[159]分别研究了 SUP7 钢和 GCr15 钢的超高周疲劳性能，研究结果表明，两种钢的超高周疲劳 $S-N$ 曲线均为连续下降型，钢中的平均夹杂物尺寸分别为 39 μm 和 22 μm。而在文献[5，127，160]中，研究了几种高强度轴承钢和弹簧钢的超高周疲劳性能，结果表明其 $S-N$ 曲线均为台阶型曲线，几种钢的平均夹杂物尺寸范围为 10～18 μm。另外，在前期研究工作中，零夹杂 42CrMo 钢中夹杂物尺寸小于 1 μm，其 $S-N$ 曲线为疲劳极限型[11]。这些研究结果与图 5-12 的分类比较吻合，从而表明图 5-12 对高强度钢的超高周疲

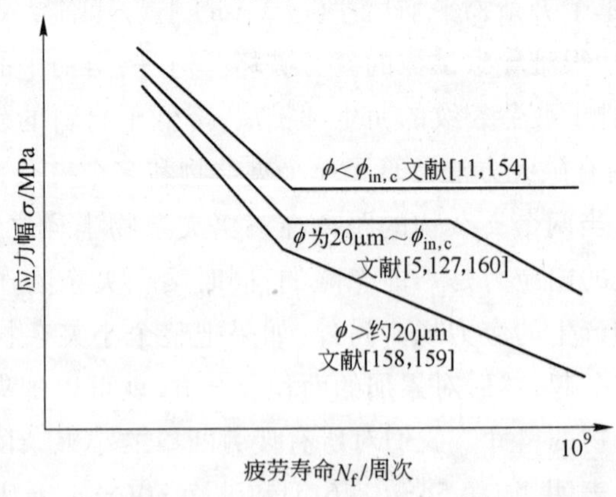

图 5-12　高强度钢超高周疲劳 $S-N$ 曲线示意图

Fig. 5-12　Schematic $S-N$ curves for high strength steels in the very high cycle fatigue regime

劳$S-N$曲线按夹杂物尺寸分类是有一定代表性的。当然，需要注意到目前研究的高强度钢其抗拉强度一般都在1500 MPa以上，有效性也许是在对这个强度级别的高强度钢而言的。

对于夹杂物尺寸小于临界尺寸，$S-N$曲线往往表现为疲劳极限型，这是比较容易理解的。因为夹杂物尺寸很小已经不对疲劳破坏起作用，在超高周疲劳加载条件下，表现为很少出现疲劳断裂的试样。如果平均夹杂物尺寸大（目前几种高强度钢的实验结果是大于约20 μm，对于其他钢，可能具体尺寸有所变化），此时夹杂物含量也相应比较高，按照Mughrabi的说法，在表面附近发现夹杂物的几率明显增大[147,148]。因此，由低周疲劳时表面开裂转到高周和超高周的内部夹杂物开裂是相当容易的，这样就产生了连续下降的$S-N$曲线。而对于一般洁净钢，夹杂物含量少，夹杂物尺寸小，在试样表面附近出现夹杂物的几率很小，而当应力幅降低，表面粗糙度和表面滑移造成的疲劳开裂倾向越来越弱，疲劳破坏开始转向内部夹杂物处起源。尽管有氢的促进作用，在试样内部接近真空的环境下疲劳裂纹的萌生与扩展是十分缓慢的[9, 10, 148, 161]，因此此时出现了水平平台，但又因为夹杂物尺寸超过了临界值，在充分的疲劳周次作用下，最终断裂，因而表现为台阶状的$S-N$曲线。

5.4 小 结

根据上述实验结果与讨论，可以得出下面结论：

（1）疲劳断口的FESEM形貌观察表明，在高应力幅水平，四种高强度弹簧钢的疲劳开裂主要起源于试样表面，而在低应力幅长寿命阶段，两种50CrV4钢和54SiCrV6钢的疲劳开裂主要起源于钢中的非金属夹杂物，超纯净54SiCr6钢在长寿命循环周次很少发生疲劳破坏。洁净钢裂纹源的EPMA元素面分布分析表明，洁净54SiCrV6钢和洁净50CrV4钢的内部疲劳开裂主要起源于钢中的小尺寸的VC和MnS团簇，而在超纯净54SiCr6钢中，有限的内部疲劳破坏是由C和Cr的偏聚引起的。

（2）高强度钢的临界夹杂物尺寸计算表明，当钢中的夹杂物（或夹杂物团簇）的尺寸大于其临界尺寸时，钢中的夹杂物（或夹杂物团簇）成为主要的疲劳裂纹源。而当钢中的夹杂物（团簇）尺寸小于其临界值时，则疲劳裂纹将不从夹杂物处萌生。

（3）夹杂物尺寸对高强度钢的超高周疲劳行为有重要的影响，根据钢中夹杂物尺寸，其超高周疲劳$S-N$曲线可分为三种：

1）当钢中夹杂物尺寸大于某一特征尺寸时(目前几种高强钢的实验结果是大于 20 μm,对于其他钢,可能具体尺寸有所变化),$S-N$ 曲线为连续下降型;

2）当钢中夹杂物(团簇)尺寸约在该特征尺寸(约 20 μm)至临界尺寸之间时,$S-N$ 曲线为台阶型曲线;

3）当钢中夹杂物(团簇)尺寸小于其临界尺寸时,其 $S-N$ 曲线为疲劳极限型。

注意,以上的具体夹杂尺寸的区分并没有严格的意义,可能与钢种与试样表面加工状态、残余应力等是有密切联系的。还有,不少实验 $S-N$ 曲线的各个阶段并不如此明晰,而是有一定的分散性与重叠。但是建立夹杂尺寸与超高周疲劳 $S-N$ 曲线的关联则是具有普遍意义。

6 疲劳强度与疲劳寿命的估计

疲劳强度是钢铁材料实际应用中最重要的设计指标之一,因此如何有效地评估材料的疲劳强度,是人们多年来追求的目标。

对于低强度钢,疲劳强度可以称为疲劳极限,因为这些钢的 $S-N$ 曲线有明显的水平拐点,一般认为如果应力幅低于疲劳极限,试样运行到无限周次也不会失效。另外,高强度钢的疲劳强度与夹杂物密切相关,它的 $S-N$ 曲线在 10^9 周次内一般没有确定疲劳极限的水平渐近线。疲劳强度定义为规定的周次如 10^7 周次或 10^9 周次,试样不发生断裂的最高应力幅。一般可以采用**升降法**(或**阶梯法**)实验确定疲劳强度。

6.1 疲劳强度的估计

钢铁材料疲劳断裂试验一般有以下几个特点:

(1) 首先是由于表面缺少约束导致**晶体学滑移**或者表面粗糙引起的应力集中导致晶体学滑移,由此进一步导致疲劳断裂。这主要发生在高应力低周疲劳($<10^5$ 周次)范畴内。

(2) 其次很可能是由非金属夹杂物引起的,但如果发生在 10^5 周次到 10^7 周次的高周疲劳范畴内,此时疲劳断口上裂纹源处的 GBF 区并不很明显;而在超高周疲劳时($>10^7$ 周次),GBF 区可以在断口上比较清楚地看到。

(3) 对于低周疲劳,由于应力较大且高于材料的弹性极限,试样处于塑性状态,应力与应变曲线呈非线性关系,试验过程往往采用应变幅控制,描述方式主要为应变 - 寿命曲线,不以疲劳强度作为指标。而常用的高周疲劳强度,则是以 10^7 周次应力循环为基础;对于超高周疲劳,现在以 10^9 周次应力循环为基础,其疲劳强度记为 σ_{w9}。

6.1.1 由表面与内部夹杂物决定的疲劳强度 σ_w

Murakami 与 Endo[162] 以及 Murakami[163] 提出钢基体硬度与内部夹杂物尺寸

影响钢材高周疲劳强度的表达式：

$$\sigma_{\mathrm{w}} = \frac{1.56(\mathrm{HV} + 120)}{(\sqrt{area_{\mathrm{in}}})^{1/6}} \tag{6-1}$$

式中，HV 为钢的基体维氏硬度，kgf/mm^2；$\sqrt{area_{\mathrm{in}}}$ 为夹杂物在垂直于应力轴平面上投影面积的平方根，μm。

上式以及相关的表达式的获得，是基于他们最初以 10^7 周次疲劳实验为主，并假定疲劳极限存在的概念建立起来的。因此他们的表达式应用于 10^7 周次疲劳强度的预测可能更合理。然而，实际预测的 10^7 周次疲劳强度偏低，虽然有利于安全，但与真值偏差较大。后来随着超高周疲劳研究的发展，特别是 10^9 周次疲劳研究的快速发展，人们发现此时高强度钢疲劳破坏主要起源于内部夹杂物，因此很多人用式 6-1 来预测高强度钢的 10^9 周次疲劳强度。但也遇到的一些问题，需要进一步解决[164]。

6.1.2　由 GBF 决定的疲劳强度 σ_{w9}

6.1.2.1　新方法的必要性

因为 Murakami 公式 6-1 比较简单有效，且如在前面指出的，预测 10^7 周次疲劳强度偏低，因此也常用来预测 10^9 周次的疲劳强度。然而，正如 Murakami 自己指出的，用它来预测 10^9 周次的疲劳强度又偏高[130]，但他们认为如果将夹杂物尺寸改为 GBF 尺寸(包含夹杂物)，则他们的公式是仍然可用的；或者采用观察到多个疲劳断口上裂纹源处夹杂物中的最大值，同样估计值也可能比较合理。但问题在于 GBF 的尺寸只有疲劳实验后才可能知道，而经过疲劳实验后一般又不需要再预测疲劳强度；其次，有时 GBF 的范围往往不如夹杂物尺寸容易确定，此时用夹杂物尺寸估计疲劳强度更为简便易行；此外，采用疲劳实验中几个断口夹杂物的一个最大值进行计算估计，又具有很大的偶然性。

目前，有很多方法可以测评高强度钢中的夹杂物尺寸，比如统计极值法(SEV)[55]，以及广义泊雷多分布法(GPD)[44]。这样，如果新方法是基于夹杂物尺寸和基本材料参数，将能够更有效地评价钢的疲劳性能。

6.1.2.2　GBF 裂纹扩展的判据[164]

因为现在考察的小裂纹是在 GBF 区域对应的裂纹范围内，因此称其为 **GBF 裂纹**。鉴于疲劳强度不是由导致裂纹萌生的临界应力确定的，而是由**裂纹扩展的门槛应力**决定的[165]，因而可以根据疲劳实验中一定应力水平下断口处的 GBF

尺寸,获得 GBF 裂纹的门槛值$(K_{GBF})_{th}$。按照 GBF 区域内裂纹扩展与氢有关的观点[130],超高周疲劳下 GBF 裂纹的扩展可理解为:首先夹杂物周围出现裂纹,而后在氢的促进下裂纹扩展导致 GBF 区形成,随后裂纹在氢作用很弱或者没有作用,主要是机械应力作用下扩展导致最后的断裂。

在我们的工作中,曾提出一个判据来分析氢在超高周疲劳中的作用。GBF 裂纹的总应力强度因子 K_T 可以写为[164]:

$$K_T = K_{Imax} + k_H \tag{6-2}$$

式中,K_{Imax}为外加应力强度因子;k_H 为氢的作用在裂纹尖端产生一个附加的应力强度因子;而 K_{Imax}可以写为[166]:

$$K_{Imax} = 0.5\sigma\sqrt{\pi\sqrt{area}} \tag{6-3}$$

式中,σ 为外加应力幅;$\sqrt{area}$为裂纹尺寸,m。注意随着裂纹尺寸 $\sqrt{area}$增大,驱动力 K_{Imax}要增大。

氢的作用在裂纹尖端产生一个附加的**应力强度因子** k_H,基于 Narita 等[167]的工作,可以求得 k_H 为[164]:

$$k_H = A\mu C_0(\sqrt{area_{in}})^3\left(\frac{\sigma_a}{\sigma_y}\right)(\sqrt{area})^{-5/2} \tag{6-4}$$

式中,μ 为剪切模量;C_0 为氢围绕初始裂纹(夹杂物大小的裂纹)时在其**尖端塑性区**内的质量分数;σ_y 为屈服强度;$\sqrt{area_{in}}$为夹杂物尺寸,m;$\sqrt{area}$为 GBF 裂纹尺寸,m;A 为一个无量纲常数,写为:

$$A = \frac{112}{9}\sin\frac{3\alpha_0}{2}N\varepsilon\left(\frac{a_0}{a_L}\right)^2 \tag{6-5}$$

式中,N 为单胞中间隙位置的列数[167];a_0 为空位间隙的半径;ε 为**错配参数**且 $\varepsilon = (a_i - a_0)/a_0$($a_i$ 为氢原子半径);a_L 为晶格常数;α_0 是一个与塑性区有关的角度,此处取 $2\pi/3$[164]。注意式 6-4 表明,随着裂纹尺寸 $\sqrt{area}$增大,由于其指数是负的,由氢导致的驱动力 k_H 将显著下降。

如果总应力强度因子 K_T 大于门槛值$(K_{GBF})_{th}$,GBF 裂纹就可以扩展,则其判据可以写为:

$$K_T = K_{Imax} + k_H > (K_{GBF})_{th} \tag{6-6}$$

式中,$(K_{GBF})_{th}$可以经过实验归纳获得,从 10^9 周次超高周疲劳实验归纳出来的经验表达式为[164]:

$$(K_{GBF})_{th} = 1.8\times10^{-3}(\mathrm{HV}+120)(\sqrt{area_{GBF}})^{1/3} \tag{6-7}$$

式中，$\sqrt{area_{GBF}}$为 GBF 裂纹尺寸，μm。注意这个门槛值随 GBF 裂纹尺寸增大而缓慢增大。

图 6-1 是判据式 6-6 的示意解释[164]。$(K_{GBF})_{th}$与K_{Imax}分别由粗的实线与虚线表示。有三种情况需要注意：

（1）见图 6-1 中细的虚线（情况 1，此线段与表示较高值的K_{Imax}线重合），特点是外力驱动力K_{Imax}总是大于$(K_{GBF})_{th}$，这种情况相当于外力很大，或者夹杂物尺寸很大，这样裂纹只在外力驱动下，不需要氢的辅助就能扩展，寿命短，则 GBF 不能形成。这种情况相当于断口夹杂物起裂源处没有形成 GBF 区。

（2）见图 6-1 中细的点划线（情况 2），外力驱动力K_{Imax}比$(K_{GBF})_{th}$低，相当于夹杂物较小，同时外力较小，此时裂纹如果要扩展，氢的作用是必须提供的。如果总驱动力K_T，包括k_H与K_{Imax}之和，总比$(K_{GBF})_{th}$大，此时 GBF 裂纹将继续扩展。由于 GBF 裂纹增大，k_H作用减弱，K_{Imax}作用增强，当k_H忽略不计，K_{Imax}约等于$(K_{GBF})_{th}$时，GBF 的边界也就确定了，此后就转为情况 1。这种情况相当于断口夹杂物起裂源处形成了 GBF 区。

（3）见图 6-1 中粗的点划线（情况 3），当夹杂物进一步变小，如果初始K_T就大于$(K_{GBF})_{th}$，导致 GBF 裂纹扩展；随着裂纹扩展，又导致K_T降低到$(K_{GBF})_{th}$（k_H随着裂纹长度的增加降低得更快，见式 6-4），此时 GBF 裂纹将停止扩展并形成了 GBF 区。如果假设裂纹还要扩展，而此时k_H必然进一步减小，同时K_{Imax}本身比阻力$(K_{GBF})_{th}$小得比较多，总的驱动力K_T反而不够，致使裂纹停止扩展。这种情况相当于虽然形成了 GBF 区，但试样并没有断。

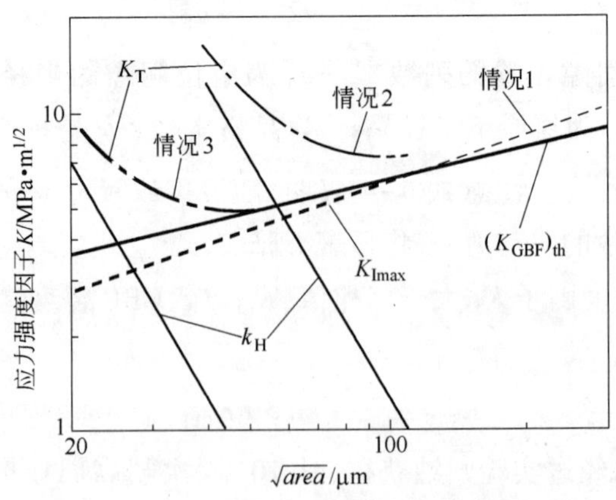

图 6-1 GBF 区内裂纹扩展判据示意图

Fig. 6-1 Schematic of the criterion for the GBF crack growth

6.1.2.3 疲劳强度 σ_{w9}

按照以上的讨论,可以获得 10^9 周次时超高周疲劳强度 σ_{w9}。只要假设由第 2 种情况转变为第 3 种情况,也就是形成了 GBF 区,但在断与不断的临界情况,此时在 GBF 区的边界以外氢的作用即 k_H 是可以忽略的,也就是[168]:

$$k_H \mid_{\sqrt{area}=\sqrt{area_{GBF}}} = A\mu C_0(\sqrt{area_{in}})^3\left(\frac{\sigma_w}{\sigma_y}\right)(\sqrt{area_{GBF}})^{-5/2} = \Delta \qquad (6-8)$$

此处 Δ 是一个小量。如果这样,则 $K_{Imax} \approx (K_{GBF})_{th}$。根据式 6-3,$K_{Imax}$ 可以写为 $0.5\sigma_w\sqrt{\pi\sqrt{area_{GBF}}}$,此处,$\sqrt{area_{GBF}}$ 单位为 m。而 $(K_{GBF})_{th}$ 由式 6-7 表示。结合这 3 个方程,并注意 GBF 裂纹的单位在两个表达式中的区别,得到:

$$\sqrt{area_{GBF}} = \left[\frac{2(HV+120)}{\sigma_w}\right]^6 \qquad (6-9)$$

此处,$\sqrt{area_{GBF}}$ 单位为 μm。将式 6-9 代入式 6-8,超高周疲劳强度 σ_w 可以表示为[168]:

$$\sigma_w = C\frac{(HV+120)^{15/16}}{(\sqrt{area_{in}})^{3/16}} \quad 或 \quad \sigma_w = C\frac{(HV+120)^{0.9375}}{(\sqrt{area_{in}})^{0.1875}} \qquad (6-10)$$

此处 $\sqrt{area_{in}}$ 是夹杂物尺寸,μm;C 近似为一个常数,可表示为:

$$C = 2.9\left(\frac{\sigma_y\Delta}{A\mu C_0}\right)^{1/16} \qquad (6-11)$$

从式 6-11 可以看出,C 对 σ_y,μ,A,C_0 以及 Δ 的变化不敏感,因为有一个小的幂指数 1/16。

值得注意的是:

(1) 因为在本研究中,$(K_{GBF})_{th}$ 的经验表达式 6-7 主要是从 10^9 周次疲劳实验归纳出来的,因此超高周疲劳强度 σ_w(式 6-10)应写为 σ_{w9} 为好;

(2) 一般来说疲劳强度受氢含量的影响较大[169,170],但在目前的研究中,所采用的实验钢都是未经充氢处理的,其总氢含量低于 $1\times10^{-4}\%$。由文献[169,170]可知,对于这种氢含量的钢,其疲劳强度受氢的影响不太大。另外,式 6-11 中的 C_0 不是总氢含量,而是与夹杂物裂纹前端初始的氢含量有关的。但可以预期 C_0 比总氢含量要高,但它对参数 C 的影响也不大。Δ 是给定 k_H 的一个小量,假设 k_H/K_{Imax} 为 0.01 时 k_H 对 GBF 形成没有影响,而 K_{Imax} 在 GBF 边界也就是 2 ~ 4 $MPa\cdot m^{1/2}$。如果取 K_{Imax} 为 3 $MPa\cdot m^{1/2}$,则 Δ 如果从 0.3 $MPa\cdot m^{1/2}$ 变化到 0.03 $MPa\cdot m^{1/2}$,再变化到 0.003 $MPa\cdot m^{1/2}$ 达到两个数量级,而 C 也就从 0.92ξ

变化到 0.80ξ,再变化到 0.69ξ,这里 $\xi = 2.9(\sigma_y/A\mu C_0)^{1/16}$,为一常数。说明Δ值的选取也不会造成 C 大的变化。这样,C 可以近似考虑为一个常数。

6.1.2.4 实验验证

选用了总共 18 种实验料进行超高周疲劳验证实验。表 6-1、表 6-2 和表 6-3 分别给出了这些实验料的化学成分、热处理工艺及力学性能。

表 6-1 18 种实验用高强度钢的化学成分(质量分数,%)

Table 6-1 Chemical compositions of present steels(wt,%)

序号	钢种	C	Si	Mn	Cr	V	Ni
1	60Si2CrV-1	0.59	1.48	0.53	0.96	0.11	0.09
2	60Si2CrV-2	0.59	1.48	0.53	0.96	0.11	0.09
3	60Si2CrV-3	0.58	1.58	0.51	1.02	0.17	
4	60Si2CrV-4	0.58	1.44	0.47	0.99	0.12	
5	60Si2CrV-5	0.56	1.57	0.65	1.10	0.14	
6	60Si2CrV-6	0.59	1.60	0.6	1.09	0.11	0.05
7	SUP12	0.53	1.59	0.69	0.74		0.02
8	60Si2Mn-1	0.59	1.6	0.7			
9	60Si2Mn-2	0.59	1.6	0.7			
10	60Si2Cr	0.56	1.5	0.44	0.74		
11	GCr15-1	1.00	0.26	0.49	1.48		
12	GCr15-2	0.98	0.42	0.3	1.85		
13	NHS1	0.44	2.02	0.73	0.92		
14	40CrNiMo	0.41	0.25	0.80	0.76		1.78
15	50CrV4-1	0.51	0.32	0.93	1.02	0.11	
16	50CrV4-2	0.51	0.30	0.95	1.10	0.13	
17	54SiCrV6	0.56	1.45	0.7	0.65	0.15	
18	54SiCr6	0.56	1.45	0.7	0.65		

表 6-2 18 种实验用高强度钢的热处理工艺

Table 6-2 Heat treatment procedures for eighteen kinds of high strength steel specimens

序号	钢种	热处理工艺
1	60Si2CrV-1	870℃(20 min)+油淬+420℃回火(60 min)
2	60Si2CrV-2	870℃(20 min)+油淬+420℃回火(60 min)

续表 6-2

序号	钢种	热处理工艺
3	60Si2CrV-3	850℃(30 min)+油淬+410℃回火(90 min)
4	60Si2CrV-4	925℃(30 min)+油淬+410℃回火(90 min)
5	60Si2CrV-5	900℃(30 min)+油淬+410℃回火(90 min)
6	60Si2CrV-6	920℃(15 min)+油淬+430℃回火(30 min)
7	SUP12	845℃(30 min)+油淬+430℃回火(30 min)
8	60Si2Mn-1	870℃(20 min)+油淬+460℃回火(30 min)
9	60Si2Mn-2	870℃(20 min)+油淬+460℃回火(30 min)
10	60Si2Cr	840℃(20 min)+油淬+430℃回火(30 min)
11	GCr15-1	860℃(真空炉,20 min)+油淬+180℃回火(120 min)
12	GCr15-2	860℃(真空炉,20 min)+油淬+180℃回火(120 min)
13	NHS1	925℃(30 min)+油淬+350℃回火(90 min)
14	40CrNiMo	890℃(60 min)+油淬+230℃回火(30 min)
15	50CrV4-1	860℃(30 min)+油淬+440℃回火(40 min)
16	50CrV4-2	860℃(30 min)+油淬+440℃回火(40 min)
17	54SiCrV6	870℃(60 min)+油淬+430℃回火(45 min)
18	54SiCr6	870℃(60 min)+油淬+430℃回火(45 min)

表 6-3 18 种实验用高强度钢的力学性能

Table 6-3 Mechanical properties of the eighteen kinds of high strength steel specimens

序号	钢种	屈服强度 $R_{p0.2}$/MPa	抗拉强度 R_m/MPa	伸长率 A/%	维氏硬度 HV/kgf·mm^{-2}
1	60Si2CrV-1	1640	1750	11	538
2	60Si2CrV-2	1681	1804	10	543
3	60Si2CrV-3	1765	1945	8.8	565
4	60Si2CrV-4	1700	1955	7.0	571
5	60Si2CrV-5	1645	1925	9.5	562
6	60Si2CrV-6	1553	1954	16	558
7	SUP12	1725	1825	11	604
8	60Si2Mn-1	1596	1732	6.8	511
9	60Si2Mn-2	1992	2182	4.7	611
10	60Si2Cr	1602	1753	13	513
11	GCr15-1	1716	1785	2.4	703

续表 6-3

序号	钢　种	屈服强度 $R_{p0.2}$/MPa	抗拉强度 R_m/MPa	伸长率 A/%	维氏硬度 HV/kgf · mm^{-2}
12	GCr15 - 2	1570	1700	2.3	708
13	NHS1	1760	2025	8.3	600
14	40CrNiMo	1500	1820	11.5	540
15	50CrV4 - 1	1587	1680	12	506
16	50CrV4 - 2	1628	1750	11.8	519
17	54SiCrV6	1594	1729	12	515
18	54SiCr6	1573	1743	8.3	500

实验中按照升降法求疲劳强度，一般每种试样至少准备 15 个，总共 400 多个试样，用升降法求得 10^9 周次的疲劳强度。

除了 54SiCr6 钢的夹杂物尺寸小于临界尺寸外，其他所有疲劳断裂的试样都是由内部夹杂物引起的。断裂起源处的夹杂物主要是 Al_2O_3 或 Al_2O_3 · CaO · MgO 的复合夹杂物。但在 50CrV4 钢与 54SiCrV6 钢中，大多数断裂起源于小尺寸碳化物 VC 的团簇处，这里用团簇的尺寸代替夹杂物的尺寸。断裂面上观察到的裂纹起源处的夹杂物尺寸，每种试样的平均尺寸为 3.5 ~ 60 μm（见表 6-4）。

18 种实验料的疲劳强度也列在表 6-4 中。图 6-2 表示疲劳强度 σ_w 与硬度

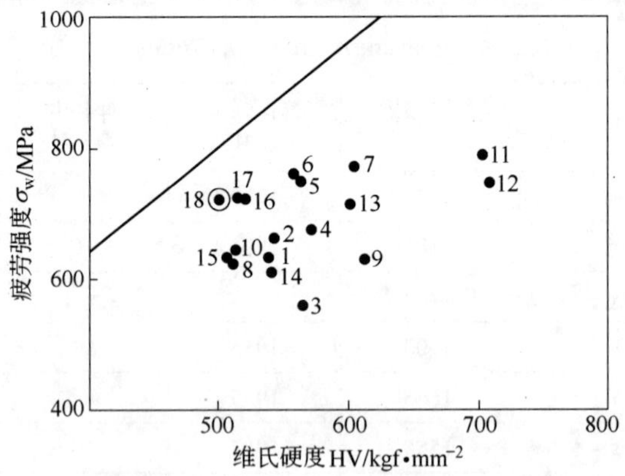

图 6-2　18 种实验用高强度钢的疲劳强度和维氏硬度的关系
（数据点旁的数字是实验用钢编号）

Fig. 6-2　Relationship between fatigue strength and vickers hardness for eighteen kinds of high strength steel specimens
（The specimen number is indicated near its datum point）

HV 之间的关系。实线代表经验方程 $\sigma_w = 1.6HV$(HV < 400 相当符合)。很明显,当 HV > 400 时,疲劳强度往往远低于 1.6HV。然而 54SiCr6 钢的疲劳强度则接近 1.6HV(见圈起来的点),因为其夹杂物很小。

图 6-3 表示随着夹杂物尺寸增大,实验料疲劳强度降低。图 6-4 则表示 $\sigma_w/[(HV+120)^{0.9375}]$ 与 $\sqrt{area_{in}}$ 的关系,其中黑线相当于下面的表达式:

$$\sigma_w = 2.7\frac{(HV+120)^{15/16}}{(\sqrt{area_{in}})^{3/16}} \quad 或 \quad \sigma_w = 2.7\frac{(HV+120)^{0.9375}}{(\sqrt{area_{in}})^{0.1875}} \qquad (6-12)$$

式中,夹杂物尺寸 $\sqrt{area_{in}}$ 的单位为 μm。当夹杂物尺寸大于 3 μm,实验结果与计算值的误差一般在 20% 以内(图 6-4*a*);当夹杂物尺寸大于 6 μm,实验结果与计算值的误差一般在 15% 以内(图 6-4*b*)。总体来讲,计算与实验结果符合良好。图 6-4*a* 中 54SiCr6 钢的试验点用圆圈标出,它偏离计算值较远。原因有可能如下:如第 4 章所述,表面粗糙度与夹杂物尺寸这两个竞争因素控制高强度钢的疲劳强度。54SiCr6 钢为超洁净钢,其夹杂物尺寸小于临界尺寸的 3 μm,因而在超高周疲劳实验中,很少有从夹杂物处开裂的,而表面粗糙度主要影响了其疲劳强度。式 6-12 虽然与 Murakami 的公式 6-1 比较接近,但目前的表达式是从氢影响 GBF 形成的模型获得的,有一定的理论基础。

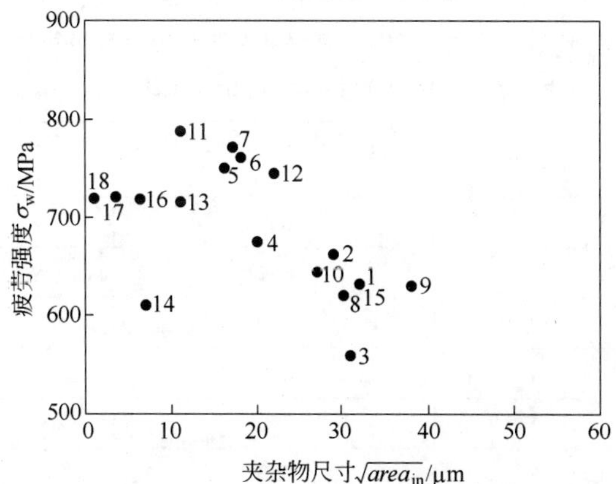

图 6-3 疲劳强度对夹杂物尺寸的依赖关系

(数据点旁的数字是实验用钢编号)

Fig. 6-3 Dependence of fatigue strength on inclusion size for eighteen kinds of high strength steel specimens (The specimen number is indicated near its datum point)

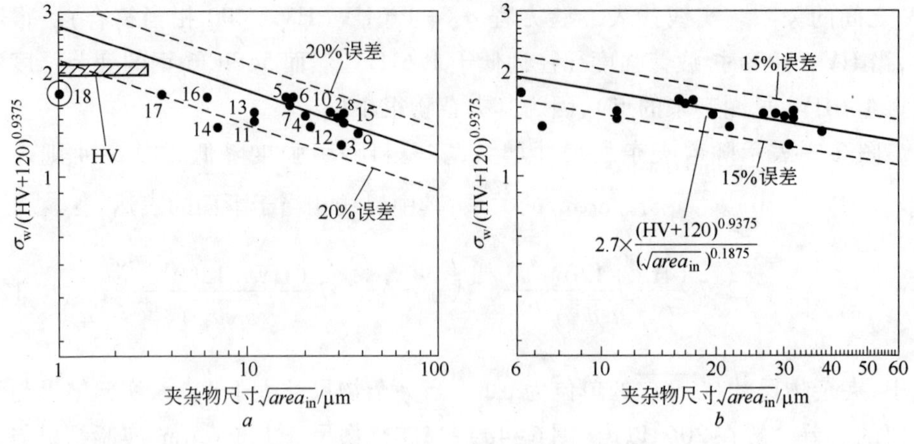

图 6-4　$\frac{\sigma_w}{(HV+120)^{0.9375}}$与夹杂物尺寸的关系

a—夹杂物尺寸 $\sqrt{area_{in}}$ 在 1 ~ 100 μm；*b*—夹杂物尺寸 $\sqrt{area_{in}}$ 在 6 ~ 60 μm

Fig. 6-4　Relationship between $\frac{\sigma_w}{(HV+120)^{0.9375}}$ and inclusion size $\sqrt{area_{in}}$

a— $\sqrt{area_{in}}$ in the range of 1 ~ 100 μm (The specimen number is indicated near its datum point); *b*— $\sqrt{area_{in}}$ in the range of 6 ~ 60 μm

表 6-4　18 种实验用高强度钢的疲劳强度与平均夹杂物尺寸

Table 6-4　Fatigue strength and average inclusion size for the eighteen kinds of high strength steel specimens

序 号	钢　种	10^9 循环周次下的疲劳强度 σ_w/MPa	平均夹杂物尺寸 $\sqrt{area_{in}}$/μm
1	60Si2CrV - 1	632	32
2	60Si2CrV - 2	662	29
3	60Si2CrV - 3	560	31
4	60Si2CrV - 4	675	20
5	60Si2CrV - 5	750	16
6	60Si2CrV - 6	760	18
7	SUP12	771	17
8	60Si2Mn - 1	621	30
9	60Si2Mn - 2	630	38
10	60Si2Cr	645	27
11	GCr15 - 1	788	11
12	GCr15 - 2	746	22

续表 6-4

序 号	钢 种	10^9 循环周次下的疲劳强度 σ_w/MPa	平均夹杂物尺寸 $\sqrt{area_{in}}$/μm
13	NHS1	715	11
14	40CrNiMo	610	7
15	50CrV4 - 1	632	32
16	50CrV4 - 2	720	6.2
17	54SiCrV6	722	3.5
18	54SiCr6	720	<1①

① 该尺寸是用抛光金相方法测得的。

6.2 疲劳寿命的估计

6.2.1 疲劳寿命与夹杂物尺寸的关系

前面已经给出高强度钢的疲劳强度与夹杂物尺寸关系的新表达式,下面讨论高强度钢的疲劳寿命与夹杂物尺寸的关系。首先作以下假设:

(1) 超高周低应力长寿命条件下,疲劳裂纹萌生在内部夹杂物处,且夹杂物周围存在有 GBF 区;尤其是对洁净钢,GBF 区尺寸 r_{GBF} 可达到夹杂物尺寸 r_0 的几倍以上;

(2) 把 GBF 区域内扩展的裂纹看做**圆币状短裂纹**,其扩展速率服从 Paris 形式的方程,且指数 $m \gg 2$;

(3) 疲劳寿命 N_f 全部消耗在 GBF 区域内,即用裂纹从夹杂物扩展到 GBF 边界的寿命代替总疲劳寿命 N_f,这在超高周疲劳寿命的处理中是一个好的近似,因为在这一点已基本上取得共识,即超高周疲劳时主要寿命消耗在 GBF 区的形成上。

把 GBF 区域近似看做圆形,它的直径一般在几十微米,而试样的直径一般在几毫米,因此可以把在 GBF 区域内扩展的裂纹看做是一个无限大体中半径为 r(单位 m)的圆币状短裂纹。当疲劳应力幅为 σ(单位 MPa),应力比 $R = -1$ 时,该 I 型裂纹尖端的最大应力强度因子[171]:

$$K_{\mathrm{Imax}} = \frac{2}{\pi}\sigma\sqrt{\pi r} \tag{6-13}$$

式中,K_{Imax} 单位为 MPa · $m^{1/2}$。

Narita 等[167]认为,在应力作用下,钢中的氢主要向裂纹尖端的塑性区聚集,这将会在裂纹尖端产生一个附加的应力强度因子 K_{ID}，从而扩大裂纹尖端的应力强度因子。如果外加应力强度因子为 K_{Imax}（MPa · $\mathrm{m}^{1/2}$），则扩大后的总应力强度因子为 $K'_{\mathrm{Imax}}=K_{\mathrm{Imax}}+K_{\mathrm{ID}}$。褚武扬等[172]进一步认为，$K'_{\mathrm{Imax}}$ 可表示为 $K'_{\mathrm{Imax}}=\lambda K_{\mathrm{Imax}}$，其中 $\lambda\geqslant 1$ 是一个与材料及其中氢含量有关的比例系数，可简称为"**氢影响因子**"。这样裂纹尖端的最大应力强度因子就可表示为：

$$K'_{\mathrm{Imax}}=\lambda K_{\mathrm{Imax}}=\frac{2}{\pi}\lambda\sigma\sqrt{\pi r} \tag{6-14}$$

Paris 等[173]和 Marines 等[174]仍认为由夹杂物起裂的短裂纹在极低速扩展时的速率 dr/dN（m/cycle）也遵从 Paris 方程：

$$\frac{\mathrm{d}r}{\mathrm{d}N}=C(\Delta K)^{m} \tag{6-15}$$

式中，C 和 m 是材料常数。与长裂纹第Ⅱ阶段的扩展相比，短裂纹低速扩展时的指数 m 是一个比较大的值[174]。对于非常短的裂纹扩展，可不考虑**裂纹闭合**问题[173,174]，且如果假设只是氢引起的应力强度因子的增加导致了**裂纹扩展速率**的增加（即 C 和 m 与氢无关），则当 $R=-1$ 时，$\Delta K=2K'_{\mathrm{Imax}}=2\lambda K_{\mathrm{Imax}}$。这样裂纹扩展速率可表示为：

$$\frac{\mathrm{d}r}{\mathrm{d}N}=2^{m}\lambda^{m}C(K_{\mathrm{Imax}})^{m} \tag{6-16}$$

这样，当裂纹从夹杂物边界扩展到 GBF 的边界时，将式 6-13 代入上式，并进行积分有[175]：

$$N_{\mathrm{f}}=\left(\frac{1}{r_{0}^{m/2-1}}-\frac{1}{r_{\mathrm{GBF}}^{m/2-1}}\right)\left[\frac{1}{\lambda^{m}}\frac{2}{(m-2)C}\left(\frac{\sqrt{\pi}}{4}\right)^{m}\frac{1}{\sigma^{m}}\right] \tag{6-17}$$

由于裂纹在 GBF 区域扩展时裂纹扩展速率中的指数 m 很大[173,174]，$m\gg 2$，GBF 区的尺寸也大于夹杂物的尺寸，$r_{\mathrm{GBF}}>r_{0}$，因此 $1/r_{\mathrm{GBF}}^{m/2-1}$ 可忽略掉。这样式 6-17 可简化为：

$$N_{\mathrm{f}}=\frac{1}{r_{0}^{m/2-1}}\times\frac{1}{\lambda^{m}}\left[\frac{2}{(m-2)C}\left(\frac{\sqrt{\pi}}{4}\right)^{m}\right]\frac{1}{\sigma^{m}} \tag{6-18}$$

可见，对于给定的材料，在同一外加应力幅下，由于 m 很大，因此疲劳寿命强烈地依赖于夹杂物尺寸 r_0 的大小。式 6-18 已经给出疲劳寿命与夹杂物尺寸等的关系，这里需要知道一些参数，比如 m 的值。下面从实验上求 m 值[175]。

6.2.2　实验求 m 值

式 6-18 也可变化为：

$$\sigma = \left\{ \frac{1}{r_0^{1/2-1/m}} \times \frac{1}{\lambda} \left(\frac{\sqrt{\pi}}{4} \right) \left[\frac{2}{(m-2)C} \right]^{1/m} \right\} N_f^{-1/m} \tag{6-19}$$

若令$\left(\frac{\sqrt{\pi}}{4} \right) \left[\frac{2}{(m-2)C} \right]^{1/m} = A$，$A$ 是一个常数，则式 6-19 可改写为：

$$\sigma\sqrt{r_0} = A \frac{1}{\lambda} \left(\frac{N_f}{r_0} \right)^{-1/m} \tag{6-20}$$

在双对数坐标中，$\sigma\sqrt{r_0}$ 与 N_f/r_0 呈线性关系，斜率为 $-1/m$，则可以求得 m 值。

实验用钢为 60Si2CrV，其化学成分为（质量分数，%）：C 0.59，Mn 0.60，Si 1.60，Cr 1.09，V 0.11，S 0.006，P 0.009，Al 0.013。采用下述方法获得不同的氢含量：

（1）QT 试样：920℃淬火，430℃ 回火；

（2）HPTHC 试样：用 QT 试样再进行**高压热充氢**，氢压 10 MPa，300℃，5 天；

（3）EHC 试样：用 QT 试样**电解充氢**，电流密度 1 mA/cm^2，6 h。

为尽量避免氢在保存期间的逸出，HPTHC 试样在液氮里保存，EHC 试样表面进行了镀镉。不同氢含量试样的力学性能与氢浓度见表 6-5，超高周疲劳实验的 $S-N$ 曲线见图 6-5。

表 6-5　三组不同氢含量试样的力学性能和氢浓度

Table 6-5　Mechanical properties and hydrogen concentration of the three series of specimens

试样名称	抗拉强度 R_m/MPa	维氏硬度 HV/kgf · mm^{-2}	氢含量 w(H)/%
QT	2365	565	0.15×10^{-4}
HPTHC	1750	566	3.0×10^{-4}
EHC	1630	550	3.2×10^{-4}

用升降法获得 QT、HPTHC、EHC 试样的 10^9 周次疲劳强度分别为 768 MPa、392 MPa、483 MPa。这三类试样疲劳断口裂纹起源处的平均夹杂物尺寸分别为 18.5 μm（尺寸范围 11.7 ~ 32.5 μm）、20.2 μm（7.7 ~ 21.8 μm）、22.0 μm（17.0 ~ 32.3 μm），典型的断口疲劳裂纹起源见图 6-6。

因为主要关心超高周疲劳寿命，其主要疲劳失效是由于夹杂物引起的，因此下面主要根据疲劳寿命大于 10^7 周的数据进行分析。与一般的 $S-N$ 曲线（图 6-7a）不同，以夹杂物尺寸归一化的三条 $S-N$ 曲线（图 6-7b）则几乎平行，因而可以确定 m。

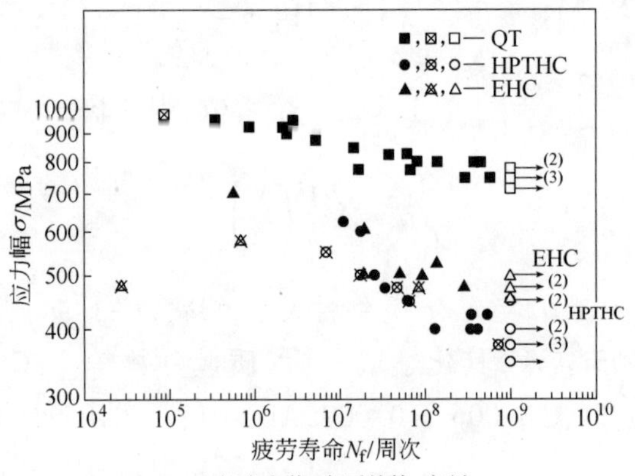

■,⊠,□— 内部夹杂物、表面基体、未断
●,⊠,○— 内部夹杂物、内部基体、未断
▲,⊠,△— 内部夹杂物、表面基体、未断

图 6-5　三组试样的 $S-N$ 曲线

Fig. 6-5　$S-N$ curves of three series of specimens

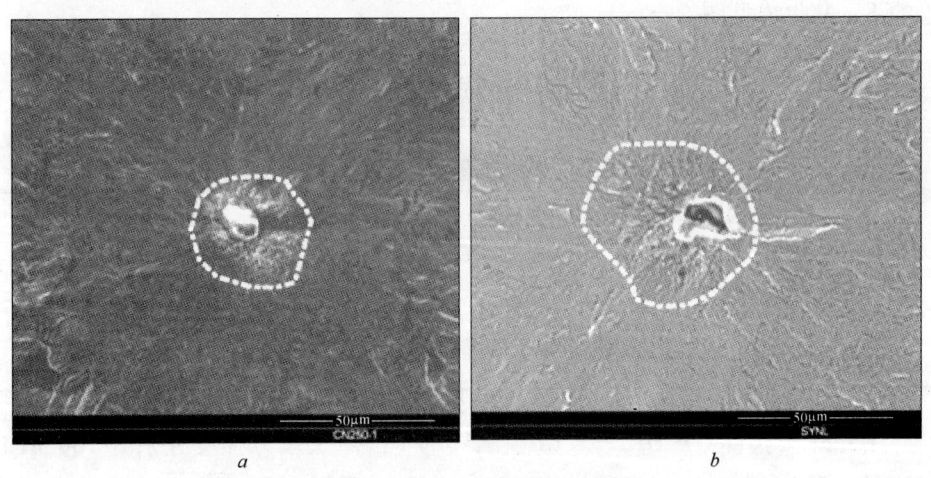

图 6-6　内部夹杂物萌生疲劳裂纹

a—QT 试样，$\sigma=750$ MPa，$N_f=5.81\times10^8$ 周次；

b—EHC 试样，$\sigma=500$ MPa，$N_f=5.20\times10^7$ 周次

Fig. 6-6　Crack initiated from an internal inclusion

a— Specimen QT，$\sigma=750$ MPa，$N_f=5.81\times10^8$ cycles；

b—Specimen EHC，$\sigma=500$ MPa，$N_f=5.20\times10^7$ cycles

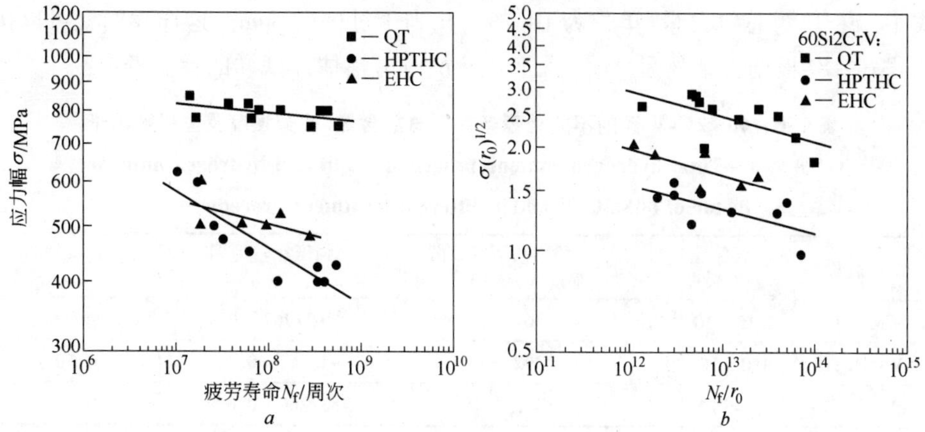

图 6-7 疲劳寿命 $N_f>10^7$ 周次时的曲线

a—$S-N$ 曲线;b—$\sigma\sqrt{r_0}-N_f/r_0$ 曲线

Fig. 6-7 a—$S-N$ curves for $N_f>10^7$ cycles; b—$\sigma\sqrt{r_0}-N_f/r_0$ curves for $N_f>10^7$ cycles

对 QT、HPTHC 与 EHC 试样,从图 6-7b 拟合的两个参数 m 与 A/λ 如下:

$$\begin{Bmatrix} m_{\mathrm{QT}} \\ m_{\mathrm{HPTHC}} \\ m_{\mathrm{EHC}} \end{Bmatrix}=\begin{Bmatrix} 13.61 \\ 13.97 \\ 13.05 \end{Bmatrix} \quad 与 \quad \begin{Bmatrix} A/\lambda_{\mathrm{QT}} \\ A/\lambda_{\mathrm{HPTHC}} \\ A/\lambda_{\mathrm{EHC}} \end{Bmatrix}=\begin{Bmatrix} 22.38 \\ 11.25 \\ 16.45 \end{Bmatrix} \tag{6-21}$$

从以上数据,可知 m 的平均值 $\bar{m}=13.54$。将 m 值代入式 6-18,可知在其他条件一致的情况下,疲劳寿命与夹杂物尺寸有以下比例关系:

$$N_f \propto r_0^{-5.8} \tag{6-22}$$

从上式可以看出疲劳寿命对夹杂物尺寸是非常敏感的。对这种高强度钢,如果夹杂物尺寸减少 1/3,疲劳寿命将延长 10 倍,如果夹杂物尺寸减少大约一半,疲劳寿命将延长 100 倍。

由于 QT 试样的氢含量很低,假设氢对疲劳强度基本没影响,即 $\lambda_{\mathrm{QT}}=1$,则可知 $A=22.38$,据此根据式 6-21 可知 $\lambda_{\mathrm{HPTHC}}=1.99$,$\lambda_{\mathrm{EHC}}=1.36$。再根据 $\left(\frac{\sqrt{\pi}}{4}\right)\left[\frac{2}{(m-2)C}\right]^{1/m}=A=22.38$,将 $m=13.54$ 代入,可求得 Paris 系数 $C=1.50\times10^{-24}$。在后面第 8 章,根据疲劳强度也可以确定氢影响系数。对于这种钢,两种方法确定的 $1/\lambda$ 见表 6-6。可见两种方法确定的结果比较接近。在第 8 章中,根据多种高强度钢不同氢含量的疲劳强度确定的 $1/\lambda$ 与氢含量的关系式为:

$$\frac{1}{\lambda}=\frac{1}{1+0.1w^2(\mathrm{H})} \tag{6-23}$$

式中，$w(\mathrm{H})$为总氢含量，单位为$10^{-4}\%$，相当于过去的 ppm。这样我们就可以按照式 6-18，根据夹杂物尺寸、氢含量及外加应力幅估计试样的疲劳寿命。

表 6-6 60Si2CrV 钢的不同处理条件下总氢含量、疲劳强度及氢影响因子

Table 6-6 Total hydrogen content, fatigue strength and hydrogen influence factor of 60Si2CrV under different treatment procedures

试样名称	氢含量 $w(\mathrm{H})/\%$	10^9 循环周次下的疲劳强度 σ_w/MPa	利用强度比较得到的 $1/\lambda$	拟合得到的 $1/\lambda$
SCV - QT	0.15×10^{-4}	767	767/767 = 1	1
SCV - HPTHC	3.0×10^{-4}	392	392/767 = 0.51	0.50
SCV - CD1	3.2×10^{-4}	483	483/767 = 0.63	0.73

对于不同的高强度钢，m 值是不同的，比如对 54SiCrV6 钢[176]，其化学成分为（质量分数，%）：0.56C，0.70Mn，1.45Si，0.65Cr，0.15V，S < 0.010，P < 0.015，热处理制度为：860℃淬火，340℃回火（QT），屈服强度、抗拉强度、硬度和 10^9 周疲劳强度分别为 1594 MPa、1729 MPa、515 kgf/mm^2 和 706 MPa，断裂面上的夹杂物平均直径为 6.8 μm。它的 $\sigma\sqrt{r_0}-N_f/r_0$ 曲线见图 6-8，求得的 m 值为 18.83，比 60Si2CrV 钢的大。将此 m 值代入式 6-18，可求得疲劳寿命与夹杂物尺寸的关系为：

$$N_f \propto r_0^{-8.0} \tag{6-24}$$

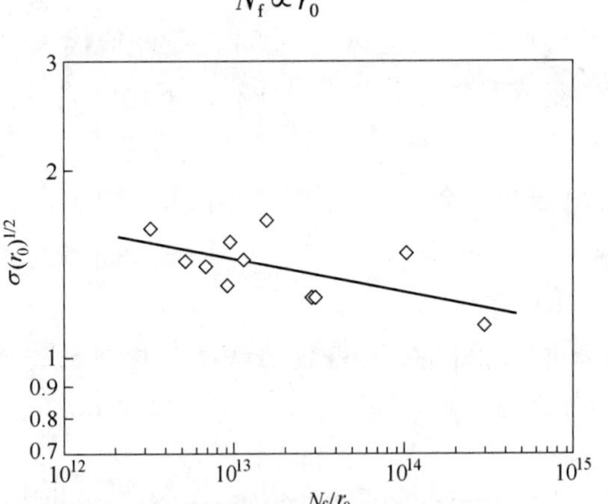

图 6-8 高强钢 54SiCrV6 的 $\sigma\sqrt{r_0}-N_f/r_0$ 曲线

Fig. 6-8 The $\sigma\sqrt{r_0}-N_f/r_0$ curve of high strength steel 54SiCrV6

可见 m 值与具体钢材有关，但都较大。实验表明（见式 6-22 与式 6-24）疲劳寿命与夹杂物尺寸以幂指数 $n=\sim-5.8$ 至 ~-8 这样的关系关联，既对夹杂物尺寸很敏感。如果以式 6-22 的 $n=-5.8$ 与式 6-24 中的 $n=-8.0$ 为依据，其均值为 $\bar{n}=-6.9$，则可以知道对于这些高强钢，如果夹杂尺寸减小为原来的 2/3，则疲劳寿命可是原来的十几倍；如果夹杂尺寸减小为原来的 1/2，则疲劳寿命可是原来的 100 多倍。因而对提高钢材服役性能的可靠性是非常关键的。

关于高强度钢疲劳强度与夹杂物尺寸的关系，从 Murakami 的表达式 6-1 可知有 $\sigma_w \propto r_0^{-1/6}$，在我们新提出的表达式 6-12 中，$\sigma_w \propto r_0^{-3/16}$ 或者 $\sigma_w \propto r_0^{-0.1875}$，可见两式中夹杂物尺寸 r_0 的指数 -0.1667 与 -0.1875 比较接近，且与具体材料关系不大。如果夹杂物尺寸减少一半，疲劳强度应该提高到约 1.12～1.15 倍；如果夹杂尺寸减小到原来的 1/4，疲劳强度应该提高到约 1.27 倍。相对来说，疲劳强度不像疲劳寿命那样对夹杂物尺寸非常敏感。

疲劳强度是由门槛值确定的，是由裂纹扩不扩展决定的，因此对夹杂物尺寸相对不够敏感；然而，疲劳寿命是裂纹扩展的快慢问题，夹杂物尺寸越大，驱动力越大，扩展越快，因此与夹杂物尺寸很敏感。

通过大量的超高周疲劳试验，发现目前的高强度钢（抗拉强度 >1200 MPa）疲劳试样断口表面的夹杂物尺寸往往在 20～30 μm 上下波动（参见第 4 章图 4.9*b*），如果经过冶炼与加工工艺的改进，使相应的夹杂物尺寸控制到约 10～15 μm，则疲劳强度提高 10% 以上，疲劳寿命延长 100 多倍是完全有可能的。疲劳寿命成百倍的延长，将会大大地提高钢材构件的疲劳可靠性。同时，比控制夹杂物尺寸在临界尺寸以下，其生产成本应该是相对较低的。我国各个有关钢铁企业通过努力，达到合理控制夹杂物尺寸，优化高强钢疲劳性能的目标，是完全可以实现的。

6.3 小　结

本章根据夹杂物附近氢对高强度钢超高周疲劳行为影响的模型，对疲劳强度和疲劳寿命与夹杂物尺寸、氢含量的关系进行了研究，并提出了疲劳强度与夹杂物尺寸关系的新表达式，且与实验结果符合良好。研究了高强度钢超长疲劳寿命对夹杂物尺寸的关系，发现疲劳寿命对夹杂物尺寸非常敏感。指出如果夹杂物尺寸减小一半，疲劳寿命将延长约 100 倍，将会大大地提高钢材构件的疲劳可靠性。上述结果将为我们进一步改进工艺控制夹杂物，生产高质量的高强度钢奠定相关的理论基础。

7 氢对高强度钢超高周疲劳行为的影响

氢主要是在钢铁冶炼过程中进入并溶解在钢中的。当然,高强度钢在使用过程中,服役环境中的氢也会对其造成严重影响。

氢在钢液中的**溶解度**远大于它在固态钢中的溶解度,在钢液凝固过程以及随后固态钢的冷却和相变过程中,氢会通过不断地扩散而逸出。由于氢在固相中扩散慢,只有少量能扩散到钢件表面,而多数扩散到显微孔隙、夹杂物附近或晶界上,形成氢分子。因氢分子较大,它不具备穿过晶格继续扩散的能力,因而在其逸出的地方不断地进行着氢分子的聚集,直至氢的分压与固态钢中达到平衡为止。随着氢分子的聚集,氢气在钢中的分压也越来越大,并在钢中产生应力。如果再加上热应力、相变应力、外应力等,如果这些应力之和超过钢的抗拉强度,就会产生裂纹。

氢可以使钢材产生“白点”,导致**氢脆**和引起发纹,致使钢的力学性能恶化。因此实际生产中都要尽量降低钢中氢含量,洁净钢要求达到(0.2～0.7)$\times 10^{-4}\%$。

在前面有关高强度钢超高周疲劳断裂的机制方面,目前虽然有不同的观点,但普遍认为氢导致高强度钢超高周疲劳断裂的机制更为可能。因此,本章将重点讨论氢对高强度钢超高周疲劳的影响。

7.1 GBF 区的形成与疲劳断裂机制

GBF 区的形成对高强度钢的超高周疲劳破坏机制的研究很重要,因为超过90%的疲劳寿命要消耗在 GBF 区的形成上[177]。Murakami 等[130]指出,ODA(GBF)的形成很可能与氢导致的氢脆有关。虽然 Shiozawa 等[120]提出了“弥散的球形碳化物开裂”导致 GBF 区的形成,但在夹杂物周围通过实验确切的观察到**氢的富集**[178,179],更有理由相信,氢在高强度钢的超高周疲劳过程中起着重要作用。图 7-1 即为氢同位素射线成像的结果,可以很清楚地看出氢在夹杂物周围的富集[178]。氢在夹杂物周围的富集也可以用高精度的二次离子质谱分析仪测定[179]。因此，下面我们将以氢对夹杂物处微裂纹的作用为主，分析 GBF 区形成的可能机制。

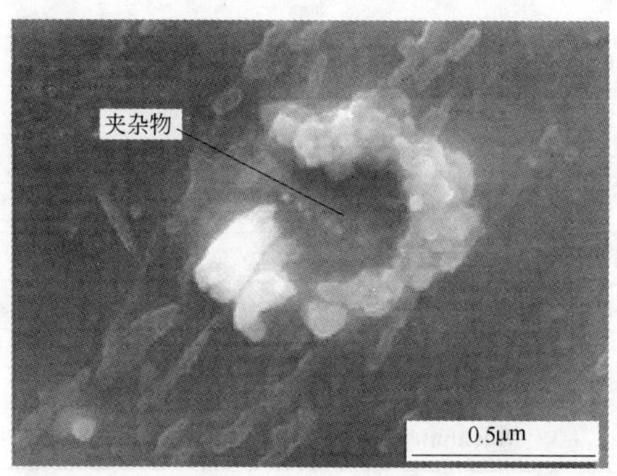

图 7-1 氚示踪成像技术观察到的被 Al_2O_3 非金属夹杂物捕捉到的氢[178]

Fig. 7-1 Hydrogen trapped around a non-metallic inclusion (Al_2O_3) observed by tritium autoradiography[178]

7.1.1 GBF 区边界的应力强度因子门槛值

为了从实验上获得 GBF 区边界处门槛值与 GBF 尺寸的关系，采用了四种弹簧钢和两种轴承钢进行了超高周疲劳实验。实验料的化学成分、热处理工艺、平均氢含量及力学性能分别见表 7-1、表 7-2 和表 7-3[164]。

表 7-1 高强度弹簧钢的化学成分（质量分数，%）

Table 7-1 Chemical compositions of the high strength steels（wt，%）

钢 种	C	Mn	Cr	Si	V	Cu
60Si2Cr	0.56	0.44	0.74	1.5		0.15
60Si2CrV	0.56	0.6	1.09	1.6	0.11	0.15
60Si2Mn	0.60	0.7		1.6		
商业 60Si2Mn	0.59	0.8		1.7		
GCr15VM	1.00	0.49	1.48	0.26		
GCr15ER	0.98	0.42	1.85	0.30		

表 7-2　高强度钢的热处理工艺及处理后钢中的氢含量

Table 7-2　Heat treatment procedures and the average hydrogen mass content for high strength steels

钢　种	热处理工艺	氢质量分数/%
60Si2Cr	840 ℃（20 min）+油淬+430 ℃ 回火（30 min）	0.25×10^{-4}
60Si2CrV	920 ℃（15 min）+油淬+430 ℃ 回火（30 min）	0.50×10^{-4}
60Si2Mn	870 ℃（20 min）+油淬+460 ℃ 回火（30 min）	
商业 60Si2Mn	870 ℃（20 min）+油淬+460 ℃ 回火（30 min）	0.27×10^{-4}
GCr15VM	860 ℃（20 min，真空炉）+油淬+180 ℃ 回火（120 min）	0.40×10^{-4}
GCr15ER	860 ℃（20 min，真空炉）+油淬+180 ℃回火（120 min）	0.40×10^{-4}

表 7-3　高强度钢的力学性能

Table 7-3　Mechanical properties of the high strength steels

钢　种	屈服强度 $R_{p0.2}$/MPa	抗拉强度 R_m/MPa	伸长率 A/%	维氏硬度 HV /kgf · mm^{-2}
60Si2Cr	1602	1753	13	513
60Si2CrV	1553	1954	16	558
60Si2Mn	1681	1813	9.5	525
商业 60Si2Mn	1992	2182	4.7	611
GCr15VM	1716	1785	2.4	703
GCr15ER	1570	1700	2.3	708

超高周疲劳实验过程如前几章所述，然而，为了进一步检查 GBF 的形成，对商用 60Si2Mn 钢进行了两步测试，即如果在 600 MPa 和 650 MPa 应力幅下，第一次加载到 10^9 周次还没有断裂，则将这些试样在 725 MPa 的应力幅下做疲劳（**第二次加载**），此时往往导致低周断裂。然后以断裂的试样断口作扫描电镜观察，主要是观察裂纹源。结果表明，几乎所有断裂的试样均是从夹杂物处起源，该处夹杂物主要为 Al_2O_3 和 $Al_2O_3 \cdot CaO \cdot MgO$ 复合夹杂。图 7-2 表示实验中获得的 GBF 尺寸（$\sqrt{area_{GBF}}$）与 GBF 边界处的应力强度因子（K_{GBF}）的关系。K_{GBF} 按照文献[166]计算：

$$K_{GBF}=0.5\sigma\sqrt{\pi\sqrt{area_{GBF}}} \tag{7-1}$$

当 $\sqrt{area_{GBF}}$ 在较小的范围，K_{GBF} 的值似乎是一个常数，例如对 60Si2Cr 钢，当 $\sqrt{area_{GBF}}$ 在大约 15～23 μm 时，K_{GBF} 的变化限制在 2.4～2.8 MPa · $m^{1/2}$（图 7-2a）。因此往往认为 K_{GBF} 是一个常数[15,120,180,181]，现在看来需要注意其范围。而对于同

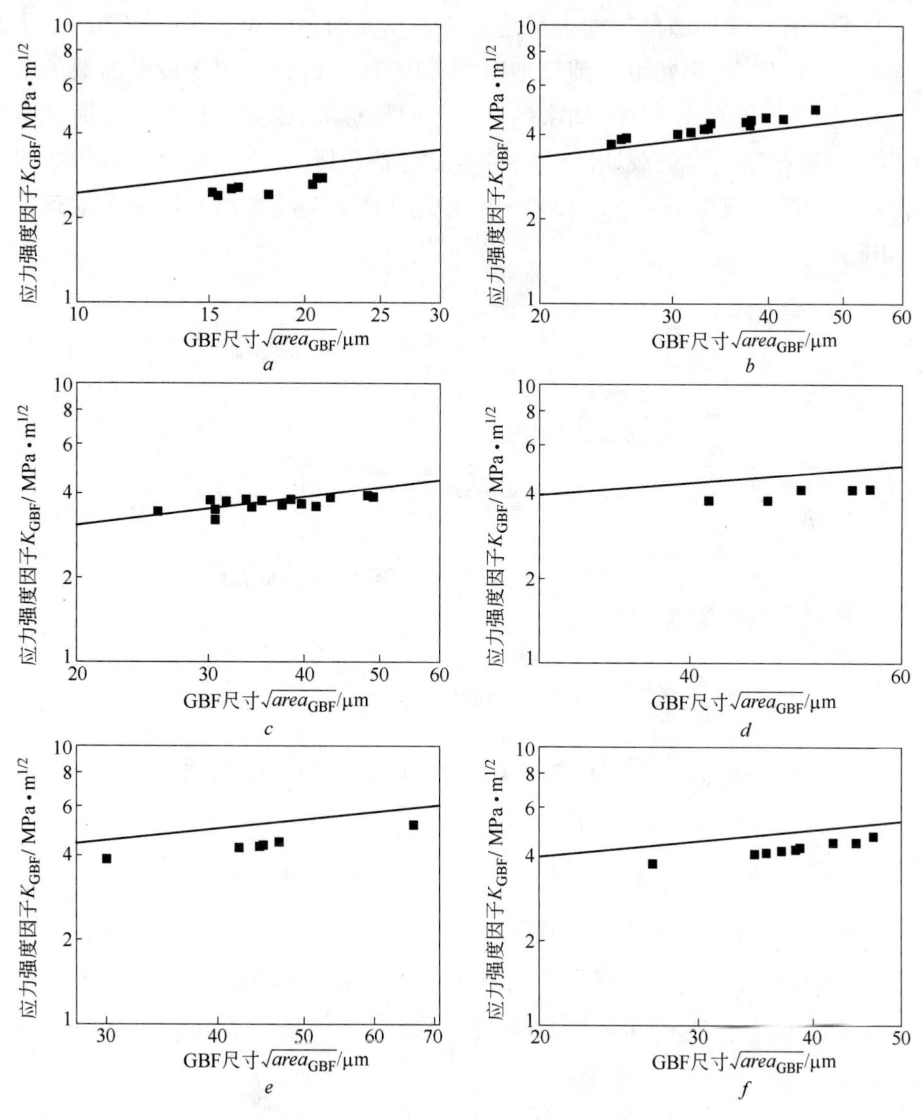

图 7-2 高强钢的 K_{GBF} 与 $\sqrt{area_{GBF}}$ 的关系

a—60Si2Cr；*b*—60Si2CrV；*c*—60Si2Mn；*d*—商业 60Si2Mn；*e*—GCr15 - VM；*f*—GCr15 - ER

Fig. 7-2 Relationships between K_{GBF} and $\sqrt{area_{GBF}}$ for high strength steels

a—60Si2Cr；*b*—60Si2CrV；*c*—60Si2Mn；*d*—Commercial 60Si2Mn；*e*—GCr15 - VM；*f*—GCr15 - ER

一种钢试样，由于成分与制备工艺是完全一致的，断口处的夹杂物尺寸变化相对较小，因此，更有可能认为 K_{GBF} 是一个常数。然而对于更大范围，如图 7-2 所示的 15 ~ 70 μm 来说，则 K_{GBF} 与（$\sqrt{area_{GBF}}$）$^{1/3}$ 成比例。

几乎所有二次加载的试样也都是夹杂物作为断裂起源。它们在高应力下断裂均小于 10^7 周次,仍然可以清楚地看到 GBF 区。因为在单次疲劳加载的情况下,GBF 往往不能在小于 10^6 周次的断口上明显形成,因此可以认为此时观察到的 GBF 主要是第一次加载期间形成的。如图 7-3 所示,二次加载后获得的 K_{GBF} 值比一次加载的值略低一些,这表明第二次加载确实没有影响第一次加载形成的 GBF 尺寸。

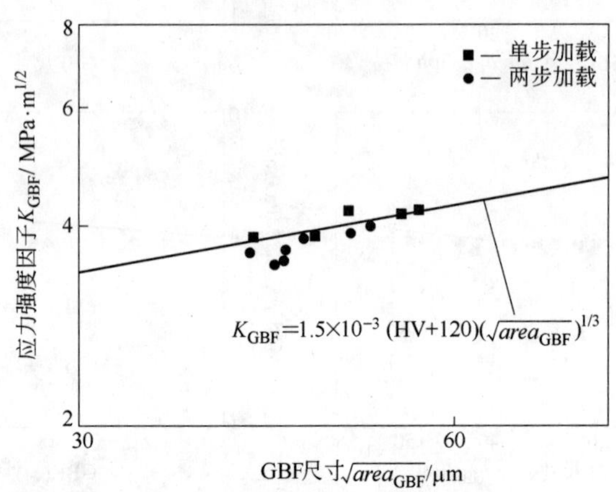

图 7-3 单步和两步加载试样的 K_{GBF} 与 $\sqrt{area_{GBF}}$ 的关系

Fig. 7-3 Relationship between K_{GBF} and $\sqrt{area_{GBF}}$ for both the one-step loading specimens and the two-step loading specimens

一般地说,对于长裂纹,**应力强度因子范围门槛值** ΔK_{th} 是一个常数,而对小裂纹,它随裂纹尺寸变小而降低[182],其主要原因是随着裂纹尺寸变小,裂纹闭合效应变小所致[9]。Murakami 与 Endo[162] 提出下式来估计表面裂纹或缺陷的门槛值:

$$\Delta K_{th} = 3.3 \times 10^{-3}(HV + 120)(\sqrt{area})^{1/3} \quad (7-2)$$

式中,ΔK_{th} 是在应力比 $R = -1$ 时得到的,MPa · m$^{1/2}$;HV 为维氏硬度,kgf/mm^2;$\sqrt{area}$ 单位为 μm。

Harrison[183] 发现,当 R 为负值时,用 K_{GBF} 比用 ΔK_{th} 更合理,因此上式可以转换为:

$$K_{GBF} = 1.65 \times 10^{-3}(HV + 120)(\sqrt{area})^{1/3} \quad (7-3)$$

图 7-4 表示 $K_{GBF}/(HV + 120)$ 与 $\sqrt{area_{GBF}}$ 的关系,其中包括研究的 6 种钢[164] 和文献的数据[179,181,184]。图中实线表示下式:

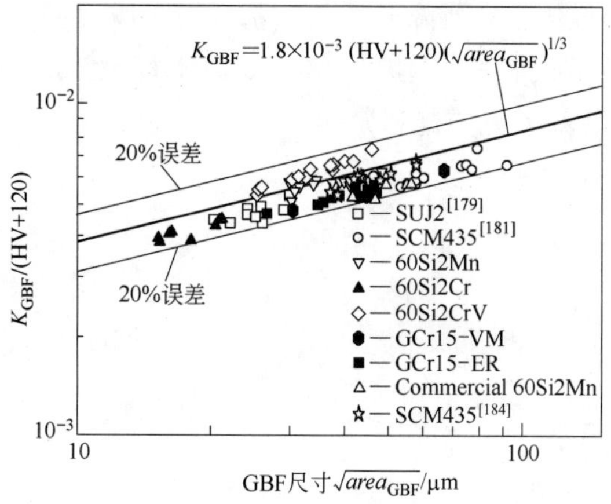

图 7-4 $K_{GBF}/(HV+120)$与$\sqrt{area_{GBF}}$的关系

Fig. 7-4 Relationship between $K_{GBF}/(HV+120)$ and $\sqrt{area_{GBF}}$

$$K_{GBF}=1.8\times10^{-3}(HV+120)(\sqrt{area_{GBF}})^{1/3} \tag{7-4}$$

可见式 7-3 与式 7-4 是非常接近的,系数的差别可能这里是内部裂纹的原因。这里获得的 K_{GBF},基本上都是 GBF 形成临界状态的值,因此可以将式 7-4 中的 K_{GBF}写为$(K_{GBF})_{th}$。

一般来讲,如果钢的强度在 720 ~ 2358 MPa,从小裂纹向长裂纹的转换点,对于圆形裂纹来说,其尺寸可以是 100 μm、125 μm 与 200 μm[185],它远比目前研究的 GBF 尺寸大(GBF 半径按照 $R_{GBF}=\frac{\sqrt{area_{GBF}}}{\sqrt{\pi}}$转换,其值在 8 ~ 56 μm)。因此,目前的 GBF 裂纹,可以认为是小裂纹。这样$(K_{GBF})_{th}$原则上不是一个常数是可以理解的了。但在具体实验中,观察到的 GBF 裂纹本身尺寸范围较小,门槛值与 GBF 尺寸又是比较弱的 1/3 次幂关系,因此认为是一个常数也是可以理解的。

7.1.2 由氢引起的应力强度因子

氢影响应力强度因子可以从两个方面考虑:

(1) 氢将在裂纹前沿聚集,引起裂纹尖端额外的应力增加,导致应力强度因子增加;

(2) 氢在裂纹前沿聚集,导致**位错运动**的势垒降低,增加其可动性,进一步引起循环形变的局部化,促进裂纹的萌生与扩展[186],同时在氢存在的情况下,裂

纹萌生与扩展的门槛值会有所降低[187],这都相当于增大了应力强度因子。

在一个裂纹前部,当一列氢原子位于复数坐标 $z_0=\rho(\cos\alpha+i\sin\alpha)$ 上(见图 7-5,即在 z_0 处沿着 Z 方向排列)。

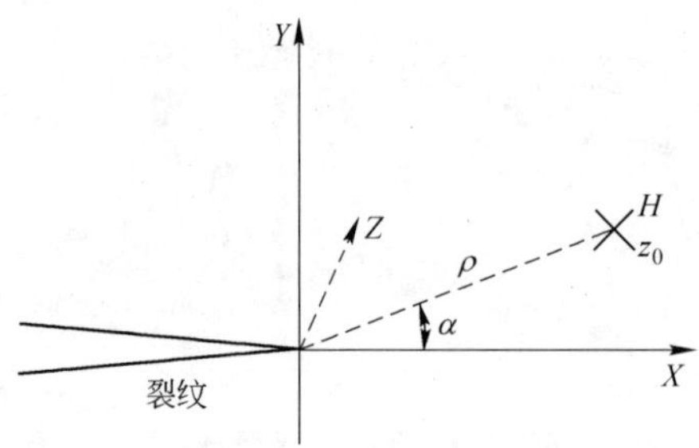

图 7-5　裂纹前沿 z_0 处一列沿 Z 方向排列的氢原子

Fig. 7-5　A hydrogen row is located along the Z direction at the complex coordinates $z_0=\rho(\cos\alpha+i\sin\alpha)$ in front of a crack

由氢引起的局部应力强度因子 k_{D} 可以写为[167]:

$$\begin{aligned}k_{\mathrm{D}}&=k_{\mathrm{ID}}+ik_{\mathrm{IID}}\\&=\frac{\sigma_0a_0^2}{\rho}\left(\frac{\pi}{2\rho}\right)^{1/2}\left(\cos\frac{3\alpha}{2}-i\sin\frac{3\alpha}{2}\right)\end{aligned}\tag{7-5}$$

式中,k_{ID}与 k_{IID}分别为氢引起的裂纹前沿Ⅰ、Ⅱ型应力强度因子;ρ,α 表示极坐标;a_0 为间隙位置的半径;σ_0 为一个应力参数[167]:

$$\sigma_0\approx\frac{1}{2}\mu c\varepsilon\tag{7-6}$$

式中,μ 为剪切模量;c 为一列间隙位置的氢原子分数;ε 为错配参数且 $\varepsilon=(a_i-a_0)/a_0$($a_i$ 为氢原子半径)。

对于 **I 型裂纹**,等效的应力强度因子 k_{I}可以写为 $k_{\mathrm{I}}=K_{\mathrm{Imax}}+k_{\mathrm{ID}}$,此处 K_{Imax}为外加应力强度因子,而 k_{ID}为式 7-5 中的第一项。将式 7-6 代入式 7-5,可得:

$$k_{\mathrm{ID}}=\frac{c\mu\varepsilon a_0^2\sqrt{\pi}}{2\sqrt{2}\rho^{3/2}}\cos\frac{3\alpha}{2}\tag{7-7}$$

一个 GBF 裂纹可以近似认为是一个内部圆币状裂纹。氢集中在裂纹前沿的塑性区[188,189]。假定在塑性区内间隙位置每一列的氢原子分数都是 c,同时,为了积分简便,假定裂纹前沿塑性区是一个环,其截面是个扇形的而不是圆形的[164],如图 7-6 所示。则由于氢在**循环塑性区**集聚引起的裂纹前沿应力强度因子为:

$$
\begin{aligned}
k_{\mathrm{H}} &\approx \iint_{D} k_{\mathrm{ID}} \frac{N\rho \mathrm{d}\rho \mathrm{d}\alpha}{a_{\mathrm{L}}^{2}} \\
&= \int_{-\alpha_0}^{\alpha_0} \int_{0}^{2r_c} k_{\mathrm{ID}} \frac{N\rho \mathrm{d}\rho \mathrm{d}\alpha}{a_{\mathrm{L}}^{2}} \\
&= \frac{2\sqrt{2}}{3} \sin \frac{3\alpha_0}{2} N\mu\varepsilon \left(\frac{a_0}{a_{\mathrm{L}}}\right)^{2} c(2r_{\mathrm{c}})^{1/2}
\end{aligned} \tag{7-8}
$$

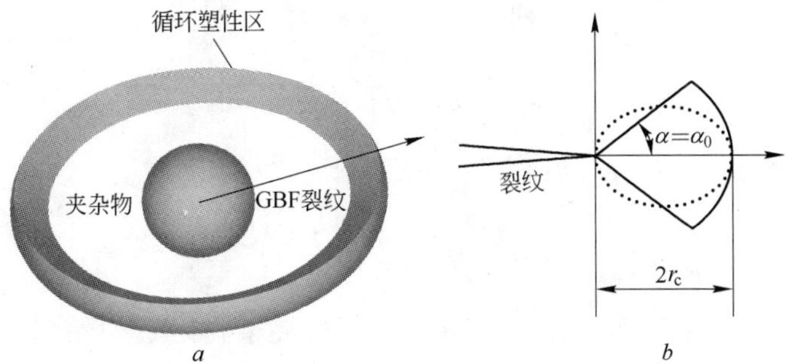

图 7-6 简化的裂纹尖端循环塑性区示意图

a—夹杂物 - GBF 裂纹 - 循环塑性区；b—循环塑性区的横截面

Fig. 7-6 Scheme of the simplified cyclic plastic-zone

a—the system of the inclusion, GBF-crack, and cyclic plastic-zone;

b—the cross-section of the cyclic plastic-zone

式中，a_{L} 为钢的晶格常数；N 为每个单胞中间隙位置的列数；r_{c} 为循环塑性区尺寸，可以写为：

$$
r_{\mathrm{c}} = \frac{1}{\pi}\left(\frac{\Delta K_{\mathrm{I}}}{\sigma_{\mathrm{y}}}\right)^{2} \tag{7-9}
$$

式中，σ_{y} 为屈服强度，而 ΔK_{I}，当 $R = -1$ 时，近似为[166]：

$$
\Delta K_{\mathrm{I}} = \sigma_{\mathrm{a}} \sqrt{\pi \sqrt{area}} \tag{7-10}
$$

每个单胞中四面体间隙位置与铁原子个数的比为 6（12/2），故氢的原子分数是 $6c$。通常，用质量分数 C 代替原子分数，因而有：

$$
c = \frac{56}{6} C \tag{7-11}
$$

假设在循环塑性区内总的氢含量不变，则裂纹前沿塑性区内的氢含量可以写为：

$$
C = \frac{V_{\mathrm{in}} C_0}{V} \tag{7-12}
$$

式中，V_{in}代表围绕夹杂物裂纹塑性区的体积；C_0 是此时塑性区内的氢含量；V 为扩展后塑性区的体积，可以近似写为：

$$V = 2\pi R \frac{2\alpha_0}{2\pi}\pi(2r_c)^2 \tag{7-13}$$

式中，R 为圆币状裂纹的半径，为：

$$R = \frac{\sqrt{area}}{\sqrt{\pi}} \tag{7-14}$$

式中，$area$ 为裂纹的投影面积。从式 7-8 到式 7-14 可以得到氢引起的应力强度因子为：

$$k_H = A\mu C_0(\sqrt{area_{in}})^3\left(\frac{\sigma_a}{\sigma_y}\right)(\sqrt{area})^{-5/2} \tag{7-15}$$

式中，A 是一个无量纲常数，为：

$$A = \frac{112}{9}\sin\frac{3\alpha_0}{2}N\varepsilon\left(\frac{a_0}{a_L}\right)^2 \tag{7-16}$$

注意式 7-15 指出，k_H 主要由夹杂物尺寸、夹杂物附近初始氢的质量分数、应力幅等决定。但它有一个特点，即随着裂纹扩展（$\sqrt{area}$ 增大），它将迅速降低（$\sqrt{area}$ 的 -2.5 次幂）。在第 6 章中，利用 k_H 和外加应力强度因子以及门槛值，讨论了 GBF 裂纹扩展的判据，并由此推求出疲劳强度表达式。在下面，进一步考察 k_H 表达式的合理性。

图 7-7 表示 60Si2Mn 钢的 $\dfrac{k_H}{\left(\dfrac{\sigma_a}{\sigma_y}\right)(\sqrt{area_{in}})^3}$ 与 $\sqrt{area_{GBF}}$ 的实验结果，这里 k_H 按照 $k_H = (K_{GBF})_{th} - K_{Imax}$ 获得，$(K_{GBF})_{th}$ 与 K_{Imax} 均可由实验获得。从图中可以看到，k_H 与 $(\sqrt{area_{GBF}})^{-5/2}$ 呈线性关系，这与式 7-15 的预测是一致的。

采用 $\alpha_0 = \dfrac{\pi}{3}$，$N = 4$，$\mu = 85\ \text{GPa}$，$\varepsilon = 0.1$，$\dfrac{a_0}{a_L} = 0.3$，$C_0 = 2.7 \times 10^{-3}$ 计算式 7-15 前面的系数。有的研究者认为，陷阱处富集氢的质量分数可能是整个试样平均值的成百上千倍，在马氏体或碳化物处有可能高达上百万倍[190]。总之，在夹杂物附近的氢含量很高，但很难精确给出，因此在这里给定 C_0 为试样平均氢含量的 1 千倍，由此可得出：

$$k_H = 1 \times 10^8(\sqrt{area_{in}})^3\left(\frac{\sigma_a}{\sigma_y}\right)(\sqrt{area_{GBF}})^{-5/2} \tag{7-17}$$

将上式与图 7-7 中由实验值拟合的方程比较，两者符合较好。计算与实验方程系数的差别，很可能是塑性区形状的假设，以及塑性区氢含量的假设等引起的一些偏差。但是，两者很好地预测了 k_H 与 $(\sqrt{area_{GBF}})^{-5/2}$ 呈线性关系，间接证明氢确实在 GBF 的形成中起到了重要作用。还有,根据夹杂裂纹前沿扩展速率与氢在塑性区有关的假设,分析了 GBF 区形成的判据,即假定裂纹每一周扩展的距离与裂纹前沿塑性区的尺寸相当时,氢难以对以后的裂纹扩展起到作用,估计的结果也与试验结果符合较好[176]。因此,高强度钢超高周疲劳断裂起源于夹杂物时与氢的作用密不可分,而且主要在 GBF 区的范围内起作用。另外假定 C_0 为试样平均氢含量的 1 千倍,所得的方程系数在一个数量级,表明这样的估计有可能是比较合理的,这也提供了一条大致确定夹杂物处氢含量的思路。

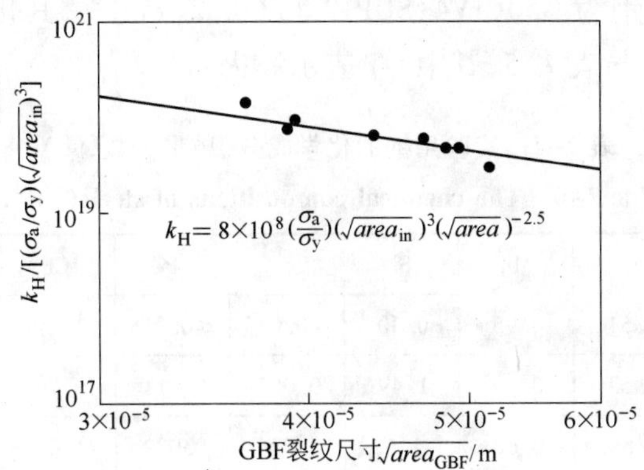

图 7-7　商业 60Si2Mn 钢$\dfrac{k_H}{\left(\dfrac{\sigma_a}{\sigma_y}\right)\left(\sqrt{area_{in}}\right)^3}$与 GBF 裂纹尺寸 $\sqrt{area_{GBF}}$ 的关系

Fig. 7-7　Relationship between $\dfrac{k_H}{\left(\dfrac{\sigma_a}{\sigma_y}\right)\left(\sqrt{area_{in}}\right)^3}$ and $\sqrt{area_{GBF}}$, in international unit, for commercial 60Si2Mn steel

7.2　氢对高强度钢疲劳强度的影响

本章前面已经提到,氢对高强度钢的力学性能一般都有严重的不利影响,因此,洁净高强度钢要求氢含量很低。但是在工业生产中,有时制备过程控制不严,会出现氢含量较高的情况。而高强度钢部件在服役环境中,往往可能面临严酷环境,以致环境中氢渗入钢中,导致部件失效。很多灾难事故是由于氢导致的部件性能劣化引起的[187,191~193]。服役中部件的氢损伤可以发生在腐蚀环境中(有时是潮湿的空气),以氢脆、**氢致开裂**、**应力腐蚀开裂**或**腐蚀疲劳**等引起部件失效[194]。

淬火与回火的高强度钢一般对氢敏感，而现在日益增多的关键部件服役寿命要求超过 10^8 周，因此，非常有必要研究氢对高强度钢超高周疲劳性能的影响。前一节进一步确认了氢对高强度钢超高周疲劳失效起重要作用，这里更需要从实验上明确不同氢含量是如何影响高强度钢的超高周疲劳性能的。

7.2.1 实验材料与方法

实验用高强度钢为 G50CrV4、SUP12 和 60Si2CrV[170]，其化学成分与热处理制度分别见表 7-4 与表 7-5，其中 QT 表示淬火回火。

表 7-4 实验用钢的化学成分（质量分数，%）

Table 7-4 The chemical compositions of steels（wt，%）

钢 种	C	Mn	Si	S	P	Cr	V	Al
G50CrV4	0.51	0.95	0.30	≤0.015	≤0.015	1.10	0.13	0.02
SUP12	0.53	0.69	1.49	0.007	0.011	0.74		0.039
60Si2CrV	0.59	0.60	1.6	0.006	0.009	1.09	0.11	0.013

表 7-5 实验用钢的热处理工艺

Table 7-5 The heat treatment procedures of steels

钢 种	热处理工艺
G50CrV4	860℃（30 min）+ 油淬 + 440℃，1 h + 空冷
SUP12	845℃（30 min）+ 空冷 + 845℃（30 min）+ 油淬 + 430℃（60 min）+ 水冷
60Si2CrV	920℃（15 min）+ 油淬 + 430℃（30 min）+ 水冷

为了研究氢对实验料疲劳性能的影响，试样在表面经过砂纸打磨后进行充氢。采用**阴极电解充氢**、**浸泡充氢**与**高压热充氢**三种方法。电解液为 3% NaCl + 3 g/L NH_4SCN 溶液，在特定的电流密度下充氢 6 h。浸泡充氢溶液采用的是 20% NH_4SCN 溶液，在温度 288 K 下保持 24 h 或 48 h。高压热充氢在温度 573 K、氢压 10^7 Pa（氢的纯度为 99.999%）条件下充氢 5 d。电解充氢试样随后在表面上镀镉以防止氢的逸出。

试样总氢含量的测定采用 RH - 404 定氢仪（精度 0.02 ppm）。经过淬火回火的 60Si2CrV 钢试样，若未充氢，则记为 SCV - QT；若电解充氢 6 h，电流密度为 1.0 mA/cm² 与 2.0 mA/cm² 则分别记为 SCV - CD1 与 SCV - CD2；若用 HPTHC

技术充氢,则记为 SCV - HPTHC。同样经过淬火回火的 G50CrV4 钢试样,若未充氢,则记为 G - QT;若浸泡充氢 24 h 或 48 h,则分别记为 G - SK1 与 G - SK2。经过淬火回火的 SUP12 钢试样,若未充氢,则记为 SUP - QT;若电解充氢 6 h,电流密度为 0.6 mA/cm^2 则记为 SUP - CD;若用 HPTHC 技术充氢,则记为 SUP - HPTHC,综合我们[169,170]及他人的工作[195],表 7-6[170]给出了充氢与未充氢试样的氢含量。

表 7-6 充氢与未充氢试样中的氢含量与疲劳强度

Table 7-6 The hydrogen contents and fatigue strengths of steels before and after being hydrogen-charged by different technologies

钢 种	试样名称	充氢方法	氢质量分数 w(H)/%	可扩散氢质量分数 w_r(H)/%	不可扩散氢质量分数 w_i(H)/%	维氏硬度 HV/kgf · mm^{-2}	抗拉强度 R_m/MPa	10^9 周次的疲劳强度 σ_w/MPa
G50CrV4	G - QT		0.66×10^{-4}	0	0.66×10^{-4}	450	1550	571
	G - SK1	浸泡,24 h (288 K)	2.0×10^{-4}	1.34×10^{-4}	0.66×10^{-4}	446	1500	467
	G - SK2	浸泡,48 h (288 K)	3.0×10^{-4}	2.34×10^{-4}	0.66×10^{-4}	450	1470	366
SUP12	SUP - QT		0.27×10^{-4}	0	0.27×10^{-4}	604	1815	771
	SUP - CD	电解, 0.6 mA/cm^2, 6 h	1.0×10^{-4}	0.73×10^{-4}	0.27×10^{-4}	~600	1800	628
	SUP - HPTHC	高压热充氢 HPTHC	2.0×10^{-4}	0	2×10^{-4}	600	1847	413
60Si2CrV	SCV - QT		0.15×10^{-4}	0	0.15×10^{-4}	565	2365	767
	SCV - HPTHC	高压热充氢 HPTHC	3.0×10^{-4}	0	3.0×10^{-4}	566	1750	392
	SCV - CD1	电解, 1 mA/cm^2, 6 h	3.2×10^{-4}	3.05×10^{-4}	0.15×10^{-4}	550	1630	483
	SCV - CD2	电解, 2 mA/cm^2, 6 h	10.0×10^{-4}	9.85×10^{-4}	0.15×10^{-4}		1452	497
F50CrV4	F - VA		0.27×10^{-4}	0	0.27×10^{-4}	449	1540	713
	F - QT		1.0×10^{-4}	0.73×10^{-4}	0.27×10^{-4}	433	1529	703
	F - HPTHC	高压热充氢 HPTHC	2.0×10^{-4}	0	2×10^{-4}	442	1488	498

续表 7-6

钢　种	试样名称	充氢方法	氢质量分数 w(H)/%	可扩散氢质量分数 w_r(H)/%	不可扩散氢质量分数 w_i(H)/%	维氏硬度 HV/kgf · mm^{-2}	抗拉强度 R_m/MPa	10^9 周次的疲劳强度 σ_w/MPa
SCM435[195]	SCM－QT		0.3×10^{-4}	0	0.3×10^{-4}	562		550
	SCM1000	浸泡,24 h (323 K)	0.8×10^{-4}	0.5×10^{-4}	0.3×10^{-4}	562		450
	SCM1.5	浸泡,24 h (323 K)	10×10^{-4}	9.7×10^{-4}	0.3×10^{-4}	550		350

7.2.2 氢对高强度钢硬度的影响

为了估计疲劳强度如何受氢的影响,需要首先了解氢如何影响高强度钢的硬度。一些文献报道,由于大量充氢产生的空位和其他缺陷产生的几何软化,使得钢的硬度有所降低[187,196]。然而,最近报道 SCM435 钢试样经过浸泡充氢,氢含量直到 $10\times10^{-4}\%$,其维氏硬度也没有明显改变[195]。另外,该钢经过真空淬火(VQ)(w(H) $=0.01\times10^{-4}\%$)与淬火回火(QT)(w(H) $=0.7\times10^{-4}\%\sim0.9\times10^{-4}\%$)后的维氏硬度也一致[150]。还有我们报道过,50CrV4 弹簧钢真空退火(VA,w(H) $=0.2\times10^{-4}\%$)、淬火回火(QT,w(H) $=0.6\times10^{-4}\%$),以及高压热充氢(HPTHC,w(H) $=2.5\times10^{-4}\%$)后其维氏硬度也没明显变化[169]。本工作中,SUP12 钢在 20% NH_4SCN 溶液中浸泡 24 h,其维氏硬度没有明显变化。因此,除非在很严酷的充氢条件下,目前条件下可以认为充氢没有对钢的维氏硬度造成明显的影响。这样,在估计氢对高强度钢超高周疲劳强度的影响的表达式中,就可以不考虑硬度的变化了。某些高强度钢的维氏硬度值见表 7-6。

7.2.3 氢对疲劳性能的影响

在日本岛津 USF－2000 型超声波疲劳试验机上进行超高周疲劳实验,获得的实验料 $S-N$ 曲线见图 7-8[170]。由升降法确定的实验料 10^9 周疲劳强度见表 7-6。可以看出,随着实验料氢含量的增加,疲劳强度下降得非常明显,在氢含量约 $3\times10^{-4}\%$ 时,超高周疲劳强度已经下降了约一半。注意 SCV－CD1 试样(w(H) $=3.2\times10^{-4}\%$,$\sigma_{w,SCV-CD1}=483$ MPa)与 SCV－CD2 试样(w(H) $=10.0\times10^{-4}\%$,$\sigma_{w,SCV-CD2}=497$ MPa),它们氢含量差别很大,但它们的疲劳强度差别不大;而 SCV－HPTHC 试样与 SCV－CD1 试样具有几乎相同的氢含量,但前者的疲劳强度(w(H) $=3.0\times10^{-4}\%$,$\sigma_{w,SCV-HPTHC}=392$ MPa)比后者(w(H) $=3.2\times10^{-4}\%$,

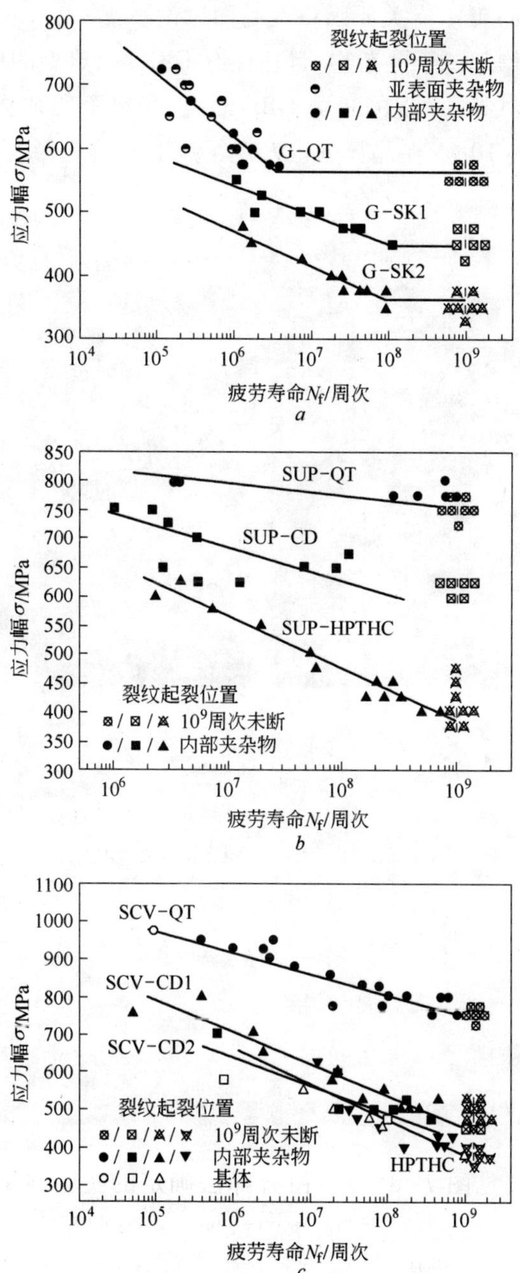

图 7-8 不同氢含量实验用钢的 $S-N$ 曲线

a—G50CrV4；*b*—SUP12；*c*—60Si2CrV

Fig. 7-8 $S-N$ curves of steels with different hydrogen contents

a—G50CrV4；*b*—SUP12；*c*—60Si2CrV

$\sigma_{w,SCV-CD1}=483$ MPa)低。有关原因将在后面讨论。

一般疲劳断口均起源于夹杂物,且往往有 GBF 区,典型的形貌见图 7-9。注意到对高压热充氢试样,发现的是类 GBF 形貌,在单个夹杂物处周围粗糙的面积相对较大,见图 7-10*a*。在晶界处也发现了疲劳裂纹起源,周围也有比较大的粗糙区(图 7-10*b*)。

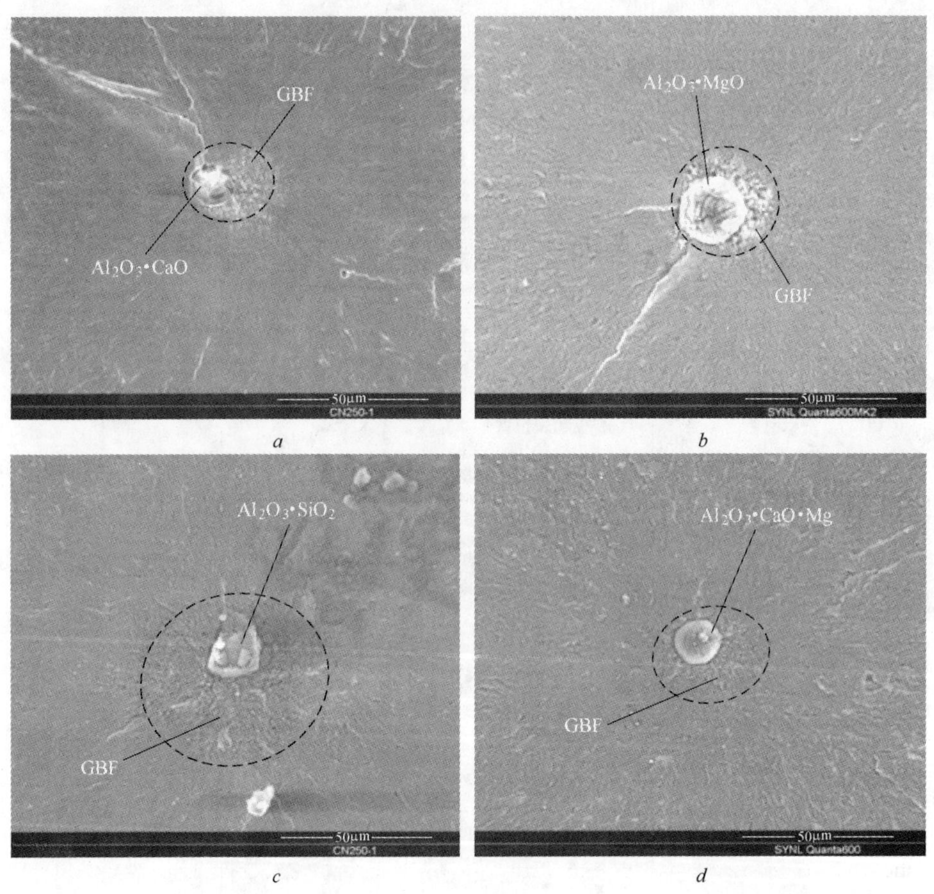

a　　*b*

c　　*d*

图 7-9　疲劳断口上夹杂物起裂源周围的 GBF 形貌

(*a*—SCV - QT;*b*—SUP - QT;*c*—SCV - CD1;*d*—SUP - CD)

断裂情况:*a*—$\sigma_a=800$ MPa,$N_f=4.46\times10^8$ 周次;*b*—$\sigma_a=775$ MPa,$N_f=7.64\times10^8$ 周次;

c—$\sigma_a=525$ MPa,$N_f=1.39\times10^8$ 周次;*d*—$\sigma_a=650$ MPa,$N_f=4.60\times10^7$ 周次

Fig. 7-9　GBF area beside the inclusion in the specimens of *a*—SCV - QT;*b*—SUP - QT;*c*—SCV - CD1;*d*—SUP - CD

Fracture condition:*a*—$\sigma_a=800$ MPa,$N_f=4.46\times10^8$ cycles;*b*—$\sigma_a=775$ MPa,$N_f=7.64\times10^8$ cycles;

c—$\sigma_a=525$ MPa,$N_f=1.39\times10^8$ cycles;*d*—$\sigma_a=650$ MPa,$N_f=4.60\times10^7$ cycles

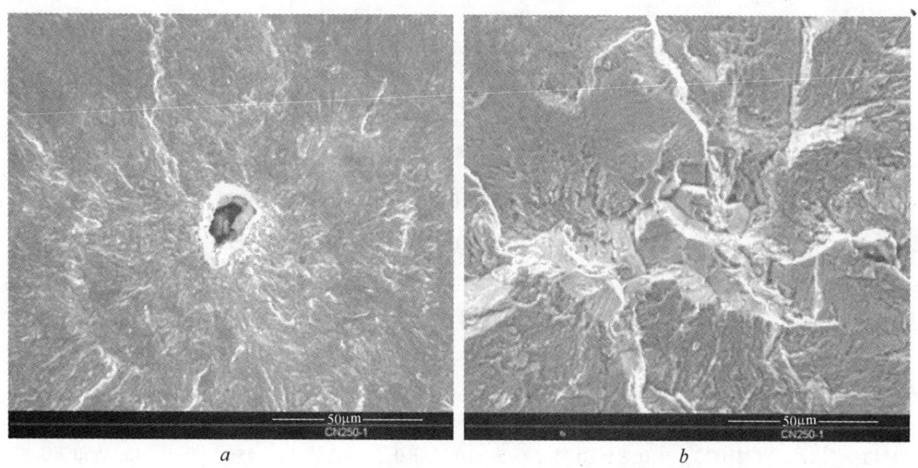

a *b*

图 7-10 SCV-HPTHC 试样裂纹源区断口形貌

a—单个夹杂物(σ = 425 MPa, N_f = 5.32 × 10^8 周次);*b*—晶粒边界(σ = 450 MPa, N_f = 6.69 × 10^7 周次)

Fig. 7-10 Crack initiation sites of SCV-HPTHC specimens

a—a single inclusion(σ = 425 MPa, N_f = 5.32 × 10^8 cycles); *b*—grain boundary (σ = 450 MPa, N_f = 6.69 × 10^7 cycles)

在第 6 章中已经提到,考虑到氢的影响,Murakami 的疲劳强度表达式可以修改为:

$$\sigma_w^* = \frac{1.56(\mathrm{HV}+120)}{\lambda(\sqrt{area_{in}})^{1/6}} = \frac{1}{\lambda}\sigma_w = f(C)\sigma_w \tag{7-18}$$

式中,λ 为氢影响因子;σ_w 为未考虑氢影响时的疲劳强度;σ_w^* 为考虑氢影响时的疲劳强度。表 7-7 给出我们研究组以及其他文献上报道的高强度钢氢含量与疲劳强度及氢影响因子的数据[170]。

表 7-7 几种高强钢的氢含量、疲劳强度及氢影响因子

Table 7-7 The hydrogen contents and fatigue strengths as well as the hydrogen influence factor for steels before and after being hydrogen-charged by different technologies

钢 种	试样名称	$w(\mathrm{H})$/%	$w_r(\mathrm{H})$/%	$w_i(\mathrm{H})$/%	σ_w/MPa	$1/\lambda$
G50CrV4	G-QT	0.66×10^{-4}	0	0.66×10^{-4}	571	571/571 = 1
	G-SK1	2.0×10^{-4}	1.34×10^{-4}	0.66×10^{-4}	467	467/571 = 0.82
	G-SK2	3.0×10^{-4}	2.34×10^{-4}	0.66×10^{-4}	366	366/571 = 0.64
SUP12	SUP-QT	0.27×10^{-4}	0	0.27×10^{-4}	771	771/771 = 1
	SUP-CD	1.0×10^{-4}	0.73×10^{-4}	0.27×10^{-4}	628	628/771 = 0.81
	SUP-HPTHC	2.0×10^{-4}	0	2×10^{-4}	413	413/771 = 0.54

续表 7-7

钢　种	试样名称	$w(H)/\%$	$w_r(H)/\%$	$w_i(H)/\%$	σ_w/MPa	$1/\lambda$
60Si2CrV	SCV - QT	0.15×10^{-4}	0	0.15×10^{-4}	767	767/767 = 1
	SCV - HPTHC	3.0×10^{-4}	0	3.0×10^{-4}	392	392/767 = 0.51
	SCV - CD1	3.2×10^{-4}	3.05×10^{-4}	0.15×10^{-4}	483	483/767 = 0.63
	SCV - CD2	10.0×10^{-4}	9.85×10^{-4}	0.15×10^{-4}	497	497/767 = 0.65
F50CrV4	F - VA	0.2×10^{-4}	0	0.2×10^{-4}	713	713/713 = 1
	F - QT	0.6×10^{-4}	0	0.6×10^{-4}	703	703/713 = 0.98
	F - HPTHC	2.5×10^{-4}	0	2.5×10^{-4}	498	498/713 = 0.70
SCM435[195]	SCM - QT	0.3×10^{-4}	0	0.3×10^{-4}	550①	550/550 = 1
	SCM1000	0.8×10^{-4}	0.5×10^{-4}	0.3×10^{-4}	450①	450/550 = 0.82
	SCM1.5	10×10^{-4}	9.7×10^{-4}	0.3×10^{-4}	350①	350/550 = 0.63

① 估计的 10^8 周次的疲劳强度；“SCM - QT”表示淬火回火状态的样品；“SCM1000”与“SCM1.5”分别表示 SCM435 钢热处理后又在 20% NH_4SCN 溶液（50 ℃）中浸泡 24 h 后，取出在室温放置 1000 h 和 1.5 h 后测定的氢浓度[195]。

图 7-11 为氢影响因子与总氢含量 $w(H)$ 的关系，其拟合的关系式为：

$$1/\lambda = \frac{1}{1+0.1w^2(H)} \tag{7-19}$$

注意，这里拟合时 $w(H)$ 的单位为 $10^{-4}\%$，相当于过去的 ppm，拟合的有效范围为 $0.5\times10^{-4}\% < w(H) < 3.5\times10^{-4}\%$，因为在这个范围内数据点较多。图 7-11 表明，当氢含量接近 $10\times10^{-4}\%$，其氢影响因子与氢含量 $3\times10^{-4}\%$ 的

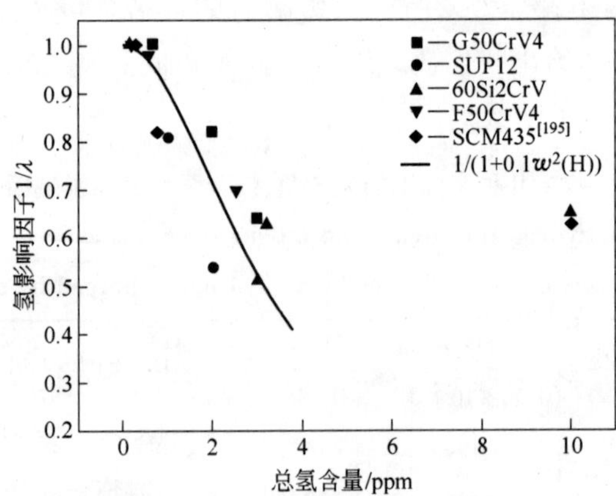

图 7-11　几种高强度钢氢影响因子与氢含量的关系（1ppm = $1\times10^{-4}\%$）

Fig. 7-11　The relationship between hydrogen influence factor and total hydrogen content for different high strength steels (1 ppm = $1\times10^{-4}\%$)

氢影响因子差不多。造成这种情况的差别,可能原因是实验方法不同引起的。对于 SCV - CD2 与 SCM1.5 试样,使用电解充氢与浸泡充氢达到 $10 \times 10^{-4}\%$ 的浓度,这两种方法充氢后可扩散氢的比例较高,特别是在高氢含量情况下,在疲劳试验中可能造成可扩散氢的明显逸出,因而实际相当于在较低氢含量下进行疲劳试验,故氢影响因子较小。一般的 QT 与真空退火后试样,还有高压热充氢的试样,它们则以不可扩散性氢占比例较高[170],它们在疲劳过程中不易逸出。

氢一般在钢中不形成氢化物,氢在钢中的溶解度主要来自两部分的贡献:一部分是氢在基体中的溶解度,这部分溶解度很小,一般都小于 10^{-4} 原子浓度;一部分是氢在陷阱中的溶解度,绝大部分的氢的溶解度都来自于氢的陷阱的贡献[187,191~193]。**氢陷阱**基本上可以分成两种:**弱陷阱**和**强陷阱**。弱陷阱一般就是指位错、空位和小角度晶界等,也可以称为可逆陷阱,位错常常往更强的陷阱中运输氢,因此可以看成是氢的运输工具;强陷阱一般就是指大角度晶界和内部夹杂物、空洞等,也可以称为不可逆陷阱,它们与氢有比弱陷阱更强的**结合能**[197]。在室温下晶格和弱陷阱中的氢就能摆脱陷阱的束缚从而逃逸到周围的环境中去,这样的氢称为**可扩散氢**[198,199];而强陷阱中的氢将不易摆脱强结合能的束缚,难以逃逸到环境中去,为了区别,称其为**不可扩散氢**。

马氏体钢通过电解或浸泡充氢,一般在室温下氢可以**自发逸出**,由**热脱附**分析可以判断主要是被弱陷阱俘获,以可扩散氢为主[179]。从氢的逃逸曲线可以知道(图 7-12),如果是扩散氢为主,表面不镀镉的话,将可能经过十几个小时后氢浓度将大大下降(图 7-12*a*),因此一般的电解充氢的样品在实验之前都要在样品的表面镀一层镉以防止氢向环境中的扩散。另外,经过高温高压热充氢以后将定氢的样品在室温放置不同的时间测量了氢的含量,得到氢的**逃逸曲线**表明,氢浓度变化较小(图 7-12*b*、*c*)。在一般淬火回火后的钢中,由于放置时间较久,存于钢中的氢可以粗略地归为不可扩散氢[200]。将电解与浸泡充氢的样品中的总氢质量分数,减去淬火回火后的氢质量分数,粗略地可归为可扩散氢质量分数(w_r(H))。而高压热充氢的样品中的氢含量,粗略归为不可扩散氢质量分数(w_i(H))。总氢质量分数用 w(H)表示。测试与分析的结果见表 7-6 与表 7-7。可扩散氢与不可扩散氢对 GBF 区特性的影响见有关文献[201]。

假设每一种钢在很低氢含量时(通常是淬火回火)所含的氢含量对疲劳性能没有什么影响,即氢影响因子为 1,用氢含量高时的疲劳强度除以没受氢影响时的疲劳强度,则可获得该含量下的氢影响因子,见表 7-7。实验数据可以见图 7-11 和图 7-13。

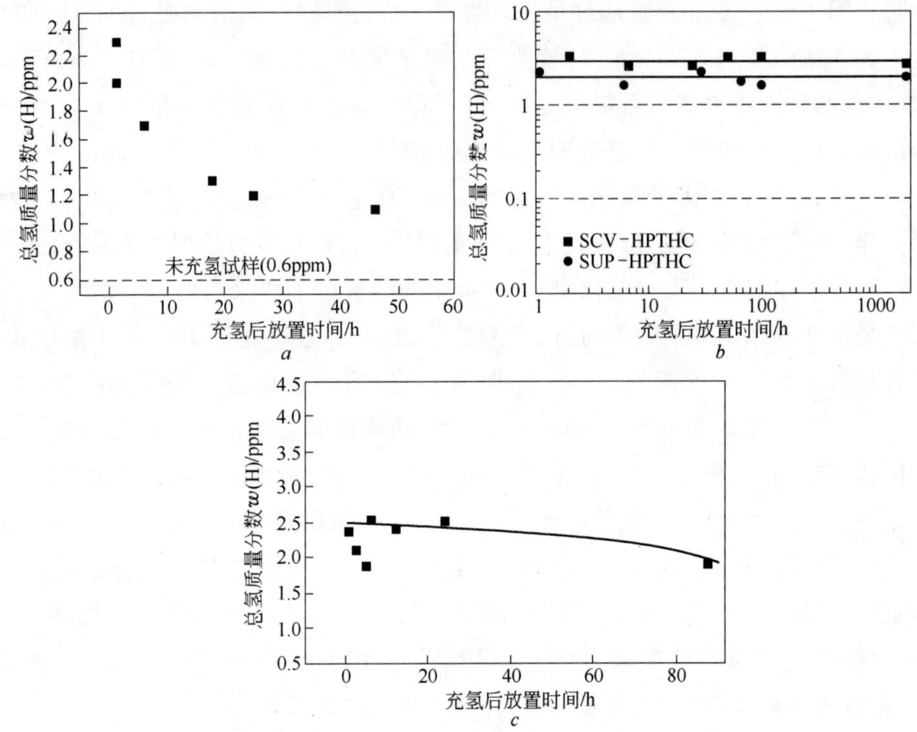

图 7-12　室温条件下几种钢样品充氢后氢的逃逸曲线（1ppm = $1\times10^{-4}\%$）

a—G-SK1；b—SUP-HPTHC 与 SCV-HPTHC；c—F-HPTHC

Fig. 7-12　Escaping curves of hydrogen in the pre-charged specimen at room temperature（1ppm = $1\times10^{-4}\%$）

a—G-SK1；b—SUP-HPTHC and SCV-HPTHC；c—F-HPTHC

对于不同的总氢含量，氢影响因子表达式可以通过拟合获得式 7-19。而对可扩散氢，其氢影响因子表达式可以用下式表达[170]：

$$1/\lambda = f(w_r(\mathrm{H})) = 0.6 + 0.4\exp(-w_r^2(\mathrm{H})/4) \tag{7-20}$$

而对非可扩散氢，其氢影响因子表达式可以用下式表达[170]：

$$1/\lambda = f(w_i(\mathrm{H})) = 1/(1 + 0.09w_i^2(\mathrm{H})) \tag{7-21}$$

注意，在上述式 7-20 与式 7-21 中，在拟合时 w(H)是以 $10^{-4}\%$ 为单位的，相当于过去的 ppm。从图 7-13 可以看出，其实在氢含量小于 $3\times10^{-4}\%$ 时上述两个表达式基本上是很接近的，也与式 7-19 相差不多，而这也是实际中令人关心的氢含量范围。有三点应该明确指出：

（1）在氢含量约为$(1\sim3)\times10^{-4}\%$的范围，高强度钢超高周疲劳强度受到显著影响，这是共性问题。

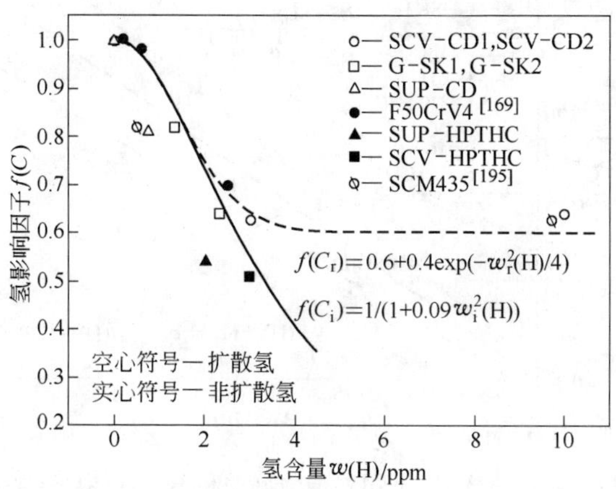

图 7-13 几种高强度钢氢含量和氢影响因子的关系（1ppm = $10^{-4}\%$）

Fig. 7-13 The relationship between hydrogen influence factor and hydrogen content for different high strength steels（1 ppm = $10^{-4}\%$）

（2）在氢含量较高时，如 60Si2CrV 钢的 SCV - CD1 试样与 SCV - HPTHC 试样的总氢含量分别为 $3.2\times10^{-4}\%$ 和 $3.0\times10^{-4}\%$，很接近，但后者的疲劳强度（$\sigma_{w,SCV-HPTHC}=392$ MPa）比前者的（$\sigma_{w,SCV-CD1}=483$ MPa）明显低。虽然扩散氢与非扩散氢都明显降低高强度钢的疲劳强度，但非扩散氢的破坏作用可能更大一些。在长疲劳寿命时（$>10^6$ 周），疲劳裂纹往往从夹杂物处起源。在 SCV - HPTHC 试样中处在不可逆陷阱（主要是夹杂物）的氢比在 SCV - CD1 试样中的要高一些，这样高压热充氢制备的 SCV - HPTHC 试样具有更低的疲劳性能是可以理解的了。同时也说明，在夹杂物周围的氢确实有可能在疲劳破坏中起重要作用。

（3）从图 7-11 中可以看出，在相同的总氢含量条件下，所有含钒钢的氢影响因子较小。换句话说，钒在钢中若形成均匀弥散细小碳化物 VC，则是很好的氢陷阱，有可能减弱氢在大夹杂物处的富集，进而改善钢的疲劳强度。反之，若形成不均匀的团簇，本身就可能成为疲劳源。

（4）最后，根据本章的工作，就可以根据夹杂尺寸、基体硬度及氢含量预测高强钢的超高周疲劳强度。预测的结果见图 7-14[201]。图中，实线为计算值，数据点为实验值，结果表明两者符合较好。

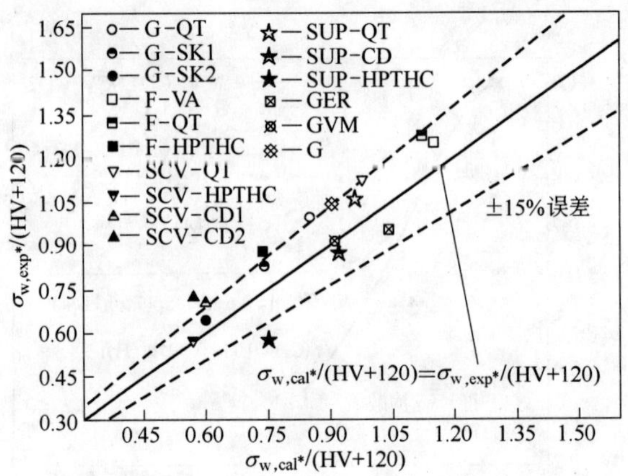

图 7-14　不同氢含量、不同夹杂物尺寸和不同基体硬度的高强钢疲劳强度实验与计算值比较

Fig. 7-14　Comparison of calculated fatigue strengths with experimental results

7.3　小　　结

氢在夹杂物周围和裂纹前沿将对高强度钢超高周疲劳断裂起重要作用。在氢含量约 $1\times10^{-4}\%\sim3\times10^{-4}\%$ 范围内，无论非扩散还是扩散氢均对高强度钢的超高周疲劳强度都有重要影响。根据实验结果，归纳出高强度钢超高周疲劳强度与氢含量的函数关系式，由此我们对相应的疲劳强度与夹杂物尺寸、钢基体硬度及氢含量建立了定量关系。

8 夹杂物评定标准与统计方法

大量的研究结果表明,钢中大尺寸夹杂物严重地影响着钢的疲劳性能和其他力学性能,特别是对于高强度钢的超高周疲劳性能,大尺寸的夹杂物成为主要的裂纹源[9,11,12,114,151,153,202~205]。在所有夹杂物中,硬而脆的氧化物夹杂通常对钢的性能危害最大[3,6,13,118,159]。近年来,随着冶炼技术的提高,特别是二次精炼技术的应用,钢中有害元素的含量大为降低,从而使钢中非金属夹杂物的尺寸和含量都得到显著的减少[3,6]。

由于夹杂物的出现率低和传统检测方法的局限性,要想观测到钢中最大尺寸的夹杂物就变得非常困难。用传统的方法,如定量金相法,由于钢中大尺寸夹杂物很难把最大直径暴露到表面上,所以测量结果很难反映夹杂物的实际情况。而夹杂物浓缩检测方法虽然能够测量小体积试样中大夹杂物的尺寸和数量,但由于测量的体积有限,所以其结果很难反映大体积结构件中的夹杂物情况。超声探伤法可以对大体积的构件进行检测,但是由于洁净钢中的夹杂物尺寸比较小,最大尺寸的夹杂物一般也都小于 100 μm,这样,以目前超声探伤的精确度,对于这么小的夹杂物很难探测到。所以,为了得到较准确的钢中大夹杂物的尺寸以及不同体积中夹杂物的尺寸变化情况,就需发展一套对钢(特别是洁净钢)来说,能尽可能准确地描述钢中夹杂物的分布、大小及其含量的方法。

由于利用现有检测技术完全精确地检测钢中的大尺寸夹杂物是不可能的,因此,目前主要是根据小样品数据运用外推法进行估算大体积钢中最大夹杂物的尺寸[206,207],并根据最大夹杂物的尺寸来预测钢结构件的疲劳性能及可靠性。精确估算钢中的最大夹杂物的尺寸对于冶金和工程应用来说都是非常重要的,有助于冶金人员评估钢材质量和进一步改善冶炼工艺;另外,可以帮助工程人员评估构件的疲劳性能,避免事故的发生。

统计极值方法(statistics of extreme values, SEV)和**广义帕雷托分布方法**(generalized Pareto distribution, GPD)是最近发展出来的估算钢中最大尺寸夹杂物的有效方法。SEV 方法最早被广泛应用于其他领域,如估算最大风速、降雨量等环境方面[208~210]。最近已被应用于材料研究的许多相关领域,例如估算材料表面腐蚀坑的深度[211],以及估计构件在应力腐蚀下的服役寿命等[212]。Murakami 等人[78,79,162,213,214]第一次运用 SEV 方法分析钢中最大夹杂物的尺寸;Furuya 等[114]利用 SEV 方法估算的 JIS-440 钢中最大夹杂物尺寸与超声波疲劳实验断口观察的结果非常接近;Atkinson, Shi 和 Anderson 等[44,57~59,215~219]则首次将 GPD 方法应用于钢中最大夹杂物尺寸的预测。

本章利用 SEV 方法和 GPD 方法估算商业用 60Si2CrVA 弹簧钢和洁净 50CrV4 弹簧钢中的最大夹杂物尺寸,并根据估计的最大夹杂物尺寸预测钢的最低疲劳强度。最后,把估算的结果与超声疲劳实验结果进行比较,确定估算的合理性。

在用统计的方法估计钢中一定体积内的最大夹杂物尺寸之前,首先介绍工业界常用的钢中夹杂物含量的评定标准,因为这些标准,在推动产品质量控制和提高产品质量的过程中起到了非常重要的作用。当然,我们也会发现它的某些局限性。

8.1　夹杂含量评定国家标准

随着现代工程技术的发展,对钢的综合性能要求也日趋严格,相应地对钢的材质的要求越来越高。非金属夹杂物作为独立相存在于钢中,破坏了钢基体的连续性,加大了钢中组织的不均匀性,严重影响钢的各种性能。例如,夹杂物导致应力集中,引起疲劳断裂;数量多且分布不均匀的夹杂物会明显降低钢的塑性、韧性、焊接性以及耐腐蚀性;钢中呈网状存在的硫化物会造成热脆性。因此,夹杂物的数量和分布被认定是评定钢材质量的一个重要指标,为优质钢和高级优质钢出厂的常规检测项目之一。

夹杂物的成分、形态、分布、尺寸及含量不同,对钢性能的影响也不同。对于金相分析工作者来说,如何正确地鉴别和评定夹杂物也因此变得十分重要。

目前,钢中**非金属夹杂物显微评定法**包括人工的**标准图谱评定法**和**自动图像分析法**两种。标准图谱评定法是普遍采用的方法。它是在分析夹杂物含量时,将所观察的视场与所给出的图谱进行对比,并分别对每类夹杂物进行评级。**评级图谱**的图片相当于 100 倍下纵向抛光平面上面积为 0.5 mm^2 的正方形视场。当需要进一步测定夹杂物长度时,采用标准规定的图像分析法进行评定[32,220]。

目前,我国采用新的国家标准,即《钢中非金属夹杂物含量的测定标准评级图显微检验法》(GB/T10561—2005)来评价钢中夹杂物。为了促进国际交流,该标准等同于国际标准(ISO4967—1998)。该标准将夹杂物分为**常见夹杂物、非传统夹杂物**及**沉淀相类**三种[32]。

常见的夹杂物,根据夹杂物的形态和分布,又分为 A、B、C、D、DS 五大类,并分别给出相应的图谱。A 类是硫化物(具有高延展性,有较宽范围**形态比**(长度/宽度)的单个夹杂物,一般端部呈圆角);B 类为氧化铝(大多数没有变形,形态比小(一般小于 3)的颗粒,沿轧制方向排成一行,至少 3 个颗粒);C 类为硅酸盐(具有高延展性,较宽范围的形态比(一般大于 3)的单个夹杂物,一般端部呈锐角);D 类为球状氧化物(不变形,带角或圆形的,形态比小(一般小于 3),无规则分布的颗粒);DS 类为单颗粒球状类(圆形或近似圆形,直径不小于 13 μm 的单颗粒夹杂物)。每类夹杂物又根据夹杂物颗粒宽度的不同分成**细系与粗系**;每个系列再由表示夹杂物含量递增的六级图片组成(从 0.5,1.0,1.5…直到 3 共 6 级)。非传统类型夹杂物(例如球状硫化物、球状复相夹杂物等)和沉淀相类夹杂物(如硼化物、碳化物、碳氮化物、氮化物等)参照上述五类夹杂物进行比较评定。

试样经过仔细抛光,夹杂物应保存完好,不经侵蚀在放大 100 倍显微镜下观察。把试样上夹杂物最严重的视场(A 法)或逐个衔接视场(B 法)与标准级别图片比较来评定其等级。作为重要零件用的合金结构钢或工具钢,应根据零件的要求定出非金属夹杂物的合格级别。

为了定量地研究夹杂物对钢性能的影响,需要测定夹杂物的大小及间距的统计分布,在夹杂物较细小时,要在扫描电镜下进行。定量测定要求测定较多的视场以求得统计分布。自动图像分析仪的应用可以大大加速测定工作的进程,并获得较为准确的结果。

以上夹杂物评级方法的标准化,对钢铁冶金发展与工程可靠应用都起了巨大的推动作用。但是,正如标准本身指出的,对于图谱评定法,虽然可以广泛用于对给定用途的钢作适应性评估,但由于试验人员的影响,即使采用大量试样也很难再现试验结果[32]。还有,标准规定的评级取样方法,是平行于轧制方向,不一定是主要受力截面,而夹杂物的长度就有可能对疲劳破坏没什么影响。再者,金相测得的夹杂物尺寸一定是偏小的,特别是对目前的洁净钢,金相直接观察到大尺寸夹杂物的几率很小,但是疲劳试验中又往往是试样中最大夹杂物处引起疲劳开裂。因此需要有新的方法以克服目前标准的不足,进行夹杂物尺寸比较准确的测量与评估。采用下述的统计方法,有可能获得比较可靠的结果。

8.2　估计最大夹杂物尺寸的两个统计方法

8.2.1　统计极值(SEV)方法

统计极值理论(SEV)在本质上是外推法,其最简单的形式是给定一系列未知分布的独立数据,根据外推法来估计其尾部的分布。这种方法只需在必要的随机选择的面积或体积里测量最大夹杂物的尺寸大小,然后根据这些小试样中测得的夹杂物尺寸的数据来预测大体积钢中最大夹杂物的尺寸[78,79,162,213,214]。这样测量小夹杂物的问题就可以避免。

SEV方法的基本思想是当预先给定数量的数据点服从某一分布时,则其每组数据中的最大值也服从该分布。但这种分布不同于那些基本分布,如正态分布、指数分布、对数正态分布等。一般其分布满足**Gumbel分布**,分布函数为:

$$G(z)=\exp(-\exp(-(z-\lambda)/\alpha)) \tag{8-1}$$

式中,$G(z)$为最大夹杂物尺寸小于或等于z的概率;α,λ分别为**尺度和位置参数**。为了减少方程的变量,假设:

$$y=(z-\lambda)/\alpha \tag{8-2}$$

则式8-1可以简化为:

$$H(y)=\exp(-\exp(-y)) \tag{8-3}$$

在实际测量过程中,定义一个**标准检测面积**S_0(mm^2)。然后在S_0里找出最大的夹杂物,利用图像分析法可以容易地测量出最大夹杂物的面积。然后计算出其平方根值$z=\sqrt{area_{max}}$。这一过程重复N次,每次测量的标准视场都是随机选取的,并且不能重叠,如图8-1所示。

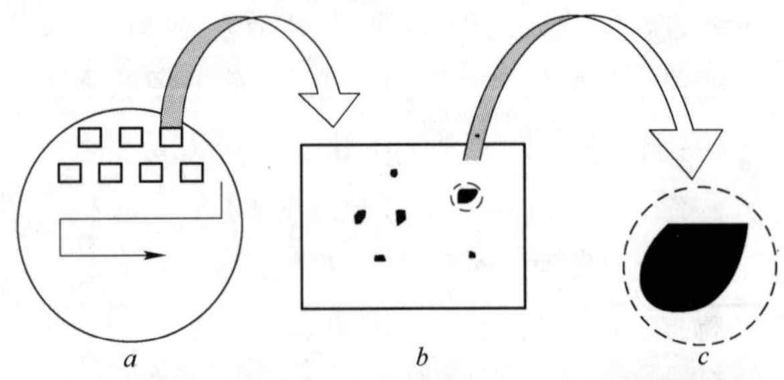

图8-1　SEV方法中最大夹杂物尺寸的测量示意图

a—试样;b—S_0;c—$z_i=\sqrt{area_{max,i}}$

Fig. 8-1　The sketch of measurement of the maximum inclusion size in SEV method

a—specimen;b—S_0;c—$z_i=\sqrt{area_{max,i}}$

把$\sqrt{area_{max}}$按从小到大的顺序依次排列，并注明下标 $i=1,2,\cdots,N$，于是有：$\sqrt{area_{max,1}} \leqslant \sqrt{area_{max,2}} \leqslant \cdots \leqslant \sqrt{area_{max,N}}$。

第 i 个夹杂物不大于 z_i 的**累积概率**可以由下式简单地计算得到：

$$H(y_i)=i/(N+1) \tag{8-4}$$

由式 8-3 和式 8-4 得到：

$$y_i=-\ln(-\ln(i/(N+1))) \tag{8-5}$$

根据式 8-2，有：

$$z=\alpha y+\lambda \tag{8-6}$$

现在，作 z_i-y_i 图，也就是以第 i 个夹杂物尺寸 z_i，以及由式 8-5 确定的 y_i 来作图，可近似得一个斜率为 α、纵轴截距为 λ 的直线。

对于大体积材料而言，若其被测体积为 V，则其**返回周期** T 定义为：

$$T=V/V_0 \tag{8-7}$$

式中，V_0 为标准检测体积，如图 8-2 所示：

$$V_0=h\times S_0 \tag{8-8}$$

式中，S_0 为标准检测视场面积；h 为夹杂物直径的平均值，为：

$$h=\frac{\sum_{i=1}^{N}\sqrt{area_{max,i}}}{N} \tag{8-9}$$

在被测体积 V 中最大夹杂物的特征尺寸 z_V 定义为：在 V 中此夹杂物的大小只被超过一次，也就是说，体积 V 中的最大尺寸夹杂物只有一个（实际 T 相当于独立地测量了面积为 S_0、厚度为 h 的标准检测视场体积的次数），则：

$$1/T=1-G(z_V) \tag{8-10}$$

上式等号右边是体积 V 中大于夹杂物尺寸 z_V 出现的概率，等号左边是说在

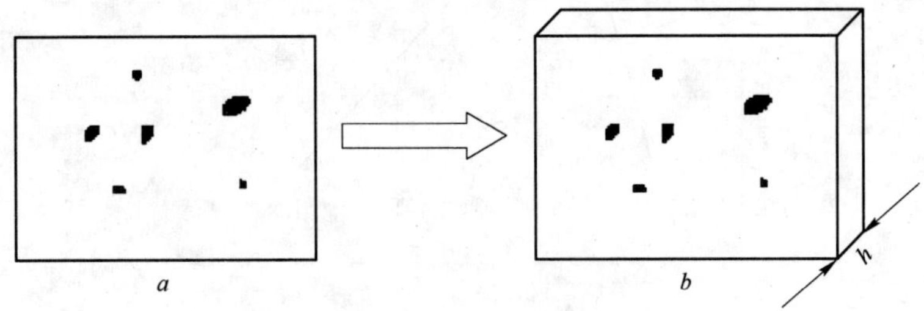

图 8-2 单位体积 V_0 的定义

a—S_0；b—$V_0=hS_0$

Fig. 8-2 Definition of the unit volume V_0

a—S_0；b—$V_0=hS_0$

体积 V 中测量 T 次，只出现超过 z_V 一次。

由式 8-6、式 8-7 及上式可得：

$$z_V = \alpha y + \lambda \tag{8-11}$$

式中，$y = -\ln(-\ln((T-1)/T))$。根据式 8-11 就可以估算出不同体积钢中的最大夹杂物特征尺寸 z_V。

现在问题的关键就在于确定参数 α 和 λ。两个参数的确定方法很多，常见的有：**作图法**、**最小二乘法**、**矩阵法**和**最大似然函数法**。Beretta 等[56]的计算研究表明：最大似然函数法的计算误差最小，因而认为最大似然函数法是最有效的。最大似然函数方程是由方程 8-1 对应的概率密度函数得到的：

$$L = \prod_{i=1}^{N} \frac{1}{\alpha}\exp\left\{-\left[\frac{z_i - \lambda}{\alpha} + \exp\left(\frac{-(z_i - \lambda)}{\alpha}\right)\right]\right\} \tag{8-12}$$

具体的计算方法为：L 取最大值时对应的 α,λ 值即为所求的参数值。最大似然法充分利用了所观测的数据，比线性拟合更精确。

把计算得到的 T 值和所确定的参数 α、λ 代入式 8-11，就可以得到体积为 V 的钢中预测的最大夹杂物的特征尺寸 z_V 值。

由于在实践中，参数 α 和 λ 的确定是由有限的数据确定的，所以具有不确定性，而且外推程度越大，不确定性也越大。最大夹杂物尺寸 z_V 的置信区间可由似然函数取对数作图法得到。给定不同的特征尺寸值 $z_{V,i}$，就会对应不同的最大似然函数对数值 L_i。根据这一系列的对应值，作 $\ln L \sim z_V$ 图，可得到最大夹杂物尺寸与似然函数对数值的曲线图，如图 8-3 所示。其中峰值对应的 z_V 即为体积为 V 的钢中预测的最大夹杂物的特征尺寸值。从峰值处向两边下降 1.92，即对应

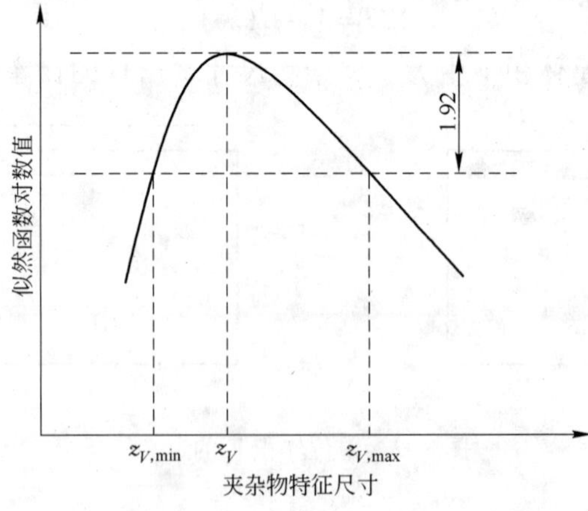

图 8-3　用似然函数对数法求估计的置信区间[58]

Fig. 8-3　The confidence interval determined by profile likelihood method [58]

置信度为 95% 的置信区间[58]，如图 8-3 中的$[z_{V,\min}, z_{V,\max}]$。

本章实验中，S_0取放大 400 倍观察视场的面积，约 0.0356 mm^2；从 10 个不同试样中随机选取 80 个视场在扫描电子显微镜下进行观察，为了保证测量夹杂物的准确性，同时利用 SEM 能谱分析进行确认。

8.2.2 广义帕雷托分布(GPD)方法

GPD 方法是统计分布的一个标准系列，它以超过某一门槛值的多个数据作为基础进行外推估算。在估计钢中夹杂物尺寸方面获得一定成功[44,57~59,215~219]对于一系列收集到的数据，其夹杂物数量 n 和夹杂物尺寸 x_i都是随机变化的。假定 u 为门槛值，x 为大于门槛值 u 的夹杂物的大小，则超过门槛值 u 的夹杂物数量和尺寸 x 较好地服从一定的分布，夹杂物尺寸大于门槛值 u 而不大于 x 的概率函数 $F(x)$ 由广义帕雷托分布函数给出：

$$F(x) = 1 - (1 + \xi(x-u)/\sigma')^{-1/\xi} \tag{8-13}$$

式中，$\sigma' > 0$ 为尺度参数，$\xi(-\infty < \xi < \infty)$为**形状参数**；$(x-u)$的取值范围为：

$$\left.\begin{array}{ll} 0 < x-u < \infty & \text{if } \xi \geqslant 0 \\ 0 < x-u < -\sigma'/\xi & \text{if } \xi < 0 \end{array}\right\} \tag{8-14}$$

当 $\xi \to 0$ 时，$F(x)$达到极限形式，即：

$$F(x) = 1 - \exp(-(x-u)/\sigma') \tag{8-15}$$

GPD 方法估计所需数据是大于某一门槛值的夹杂物的数量和大小，如图 8-4 所示。现在的目的是求体积为 V 的钢中最大夹杂物的尺寸 x_V是多少。首先要求在体积为 V 的钢中尺寸超过 $x(x > u)$的夹杂物个数的**期望值**，它等于在体积 V 中尺寸超过 u 的夹杂物个数的期望值与一个同时要夹杂物尺寸超过 x 的概率的乘积。如果 $N_V(u)$表示单位体积内尺寸超过 u 的夹杂物个数的期望值，x_V为 V 中最大夹杂物的尺寸，则下式表示体积 V 中尺寸超过 x_V的夹杂物只有 1 个：

$$N_V(u)V(1 - F(x_V)) = 1 \tag{8-16}$$

由式 8-13 和式 8-16 联立可解得最大夹杂物的尺寸为：

$$X_V = u - \frac{\sigma'}{\xi}[1 - (N_V(u)V)^{\xi}] \tag{8-17}$$

式中，$N_V(u)$为单位体积中大于门槛值 u 的夹杂物数量的期望值，可以根据抛光横截面中观测到的夹杂物数量的多少，运用以下计算方法计算：

$$N_V(u) = N_A(u) \times \overline{D}_i \tag{8-18}$$

式中，$N_A(u)$为单位面积上超过 u 的夹杂物个数的数学期望；$\overline{D}_i$ 为夹杂物大小的平均值。

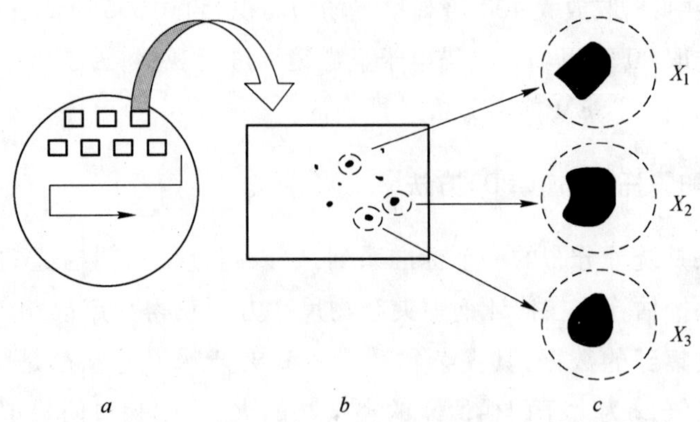

图 8-4 GPD 方法中大于门槛值 u 的夹杂物尺寸的测量示意图

a—试样；b—S_0；c—$X_i = \sqrt{area_i}$ （$X_i > u$）

Fig. 8-4 The sketch of measurement of inclusion size which is bigger than the threshold u in GPD method

a—specimen；b—S_0；c—$X_i = \sqrt{area_i}$ （$X_i > u$）

本方法中门槛值 u 的选取是很重要的一步。因为在分析过程中，小于门槛值的夹杂物可以忽略不计，这样可以避免测量许多小尺寸夹杂物的困难，节省劳动。然而如果门槛值取得过大，则所剩的夹杂物数量就很少，这又会使分析的误差过大。因而一般选取的门槛值 u 是尽可能大，从而节省劳动量；同时又能保留足够多的数据，使其更好地符合 GPD 分布，使 GPD 参数的估计值达到最优化。

Shi 等[215,216]前期的研究工作表明，最大夹杂物的特征尺寸的预测值对 u 的选取并不是十分敏感。所以通常 u 的选取可以采用作图法得到。以夹杂物尺寸超过 u 的余数平均值对 u 作图。所作的曲线接近线性分布时，超过某一门槛值就为合理的线性分布的点，即为所要求的临界门槛值 u。然后对线性曲线进行拟合，可得直线的纵轴截距为 $\sigma'/(1-\xi)$，斜率为 $\xi/(1-\xi)$，从而可以粗略估计参数 σ' 和 ξ 的值。

为了更精确地估计参数 σ' 和 ξ 的值，同样可以采用最大似然函数法进行分析。最大似然函数方程由式 8-13 对应的概率密度函数给出：

$$L = \prod_{i=1}^{k} \left[1 + \frac{\xi(x_i - u)}{\sigma'} \right]^{-(1/\xi)-1} \tag{8-19}$$

参数 σ' 和 ξ 的估计值就是使 L 取最大值时对应的值。

同 SEV 方法一样,由于参数的估计都是由有限的数据得到的,因而具有不确定性,最大夹杂物的特征尺寸的置信区间也可由似然函数的对数值作图法求得。从峰值处向两边下降 1.92,即可得置信度为 95% 的置信区间[$x_{V,\min}$,$x_{V,\max}$]。

另外,当 $\xi<0$,而 V 非常大时,$(N_V(u)V)^{\xi}\ll 1$,式 8-17 可近似为:

$$X_V = u - \sigma'/\xi \tag{8-20}$$

由于一般 $X_V \leqslant u - \sigma'/\xi$,则 $u - \sigma'/\xi$ 为最大夹杂物尺寸的上限。

本章实验中,S_0取放大 400 倍观察视场的面积,约 0.0356 mm^2;从 10 个不同试样中随机选取 80 个视场在扫描电子显微镜下进行观察,为了保证所观察夹杂物的准确性,同时利用 SEM 能谱分析进行确认。

8.3 实验验证

8.3.1 实验材料与过程

将实验用商业 60Si2CrVA 钢和洁净 50CrV4 钢利用电火花线切割设备沿棒材横断面切下约 1 cm 厚的试样,注意这里与国标评定夹杂物的取样方式不同,所以沿横断面取,主要是考虑到一般沿棒材横断面受力最大,为危险截面,夹杂物在此断面上的尺寸最重要。每种材料的 10 个样品来自母材的不同部位,然后分别用 600 号、800 号、1200 号的金相砂纸对试样表面进行机械研磨,利用 Cambridge S360 型扫描电子显微镜观察和测量夹杂物尺寸并做好实验记录。

8.3.2 参数的确定

SEV 方法和 GPD 方法的估计方程分别含有两个未知的参数 α、λ 和 σ'、ξ。这里利用上面介绍的方法,即采用作图法确定每种材料的四个参数值。下面以 60Si2CrVA 钢为例,介绍参数的求解过程。

8.3.2.1 作图法

作图法是最简便,也是最直观的求解参数的方法。根据测量的数据,作出相应的曲线图,根据拟合的直线斜率和截距,带入参数求解公式,就可以获得 SEV 和 GPD 估计的参数值。图 8-5 和图 8-6 分别为 SEV 和 GPD 方法确定参数的曲线图。参数确定的简要过程如下:

对于 SEV 估计,首先测量 N 个视场的最大夹杂物,根据获得每个视场的最

大夹杂物尺寸 z_i(按照由小到大的次序排列)及对应的累积概率 $i/(N+1)$,作 z_i 与 $y_i = -\ln(-\ln(i/(N+1)))$ 的关系图,见图 8-5。通过数据点作直线,其直线的斜率与截距就是式 8-1 中的 α 和 λ,再由式 8-11 求得对应体积 V 时的最大夹杂物尺寸 z_V。

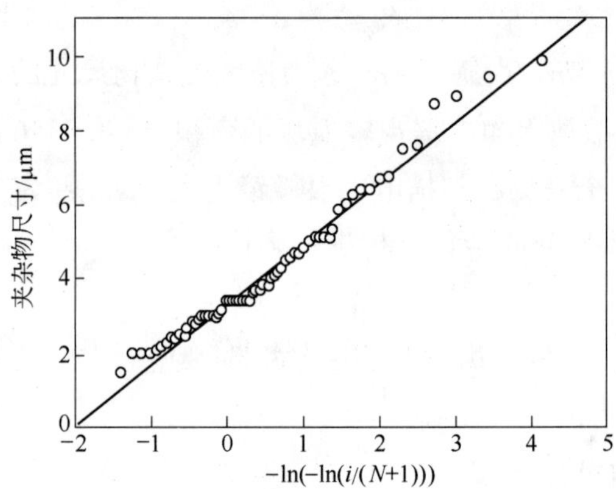

图 8-5　对 60Si2CrVA 钢用作图法求 SEV 估计中的 α 和 λ 参数值

Fig. 8-5　Estimation of the parameters α and λ of SEV method by plotting for 60Si2CrVA steel

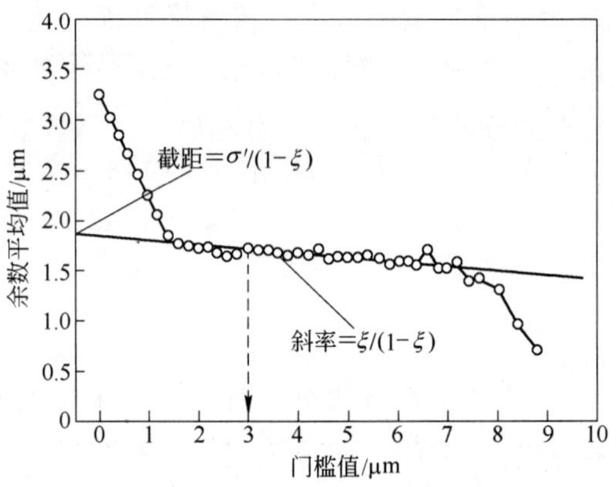

图 8-6　对洁净 50CrV4 钢用作图法求 GPD 方法估计的参数值

Fig. 8-6　Estimation of the parameters of GPD method by plotting for clean 50CrV4 steel

对于 GPD 估计,首先选定一个初始的夹杂物尺寸门槛值 u_0,然后测量 M 个视场,将每个视场中尺寸大于 u_0 的夹杂物尺寸记录,总共获得 N 个夹杂物。虽然体积 V 中最大夹杂物的特征尺寸的预测值对门槛值 u 的选取并不是十分敏感[58],但是根据前面论述知道 GPD 方法中门槛值 u 的选取需要兼顾快速和误差小的问题,即 u 不要太小也不要太大。合理的选取 u 可以采用作图法得到。

首先假设一个门槛 u（$>u_0$），将现有数据中夹杂物尺寸超过 u 的数据挑出来并减去 u,这样获得了余数,进一步求这些**余数的平均值**。下一步再改变门槛值 u,重复上述步骤,就可以得到新的余数平均值。重复多次,将获得的余数的平均值对 u 作图,如图 8-6 所示。所作的曲线接近线性分布时,超过某一门槛值就是合理的线性分布的点,即所要求的临界门槛值 u。然后对线性部分进行拟合,可得直线的纵轴截距为 $\sigma'/(1-\xi)$,斜率为 $\xi/(1-\xi)$,从而可以估计参数 σ'和 ξ 的值[58]。根据已知的 u、σ'和 ξ,就可以根据式 8-17 确定体积 V 中最大夹杂物尺寸 X_V了。

8.3.2.2 最大似然函数法

最大似然函数法是求解参数最精确的方法。其具体求解过程是,首先运用最小二乘法粗略估计两个参数值,然后根据初步的估算结果,用最大似然函数方法,借助于计算机程序,可以精确地求解出参数值[221]。

8.3.3 疲劳强度下限的预测

根据 SEV 和 GPD 方法估算的钢中最大夹杂物尺寸,可以预测钢的超高周疲劳实验的**疲劳强度下限**[222]。由于在超高周疲劳范围内,疲劳裂纹主要起源于内部的夹杂物,所以 Murakami 公式中位置系数取值为 1.56,把两种方法估算的最大夹杂物尺寸及硬度值带入式中即可预测商业 60Si2CrVA 和洁净 50CrV4 高强度钢在超高周范围的疲劳强度下限,这是因为估算时是用的最大夹杂物尺寸,而不是其平均值。

8.3.4 实验结果与讨论

表 8-1 为利用作图法求得的商业 60Si2CrVA 钢和洁净 50CrV4 钢中最大尺寸夹杂物的参数值。图 8-7 和图 8-8 分别为利用 SEV 方法和 GPD 方法估算的 60Si2CrVA 钢和 50CrV4 钢不同体积内的最大夹杂物尺寸曲线,以及最低的疲劳强度预测及 95% 的置信区间,并与超高周疲劳实验的结果进行了比较。图中疲劳实验检测体积的确定:由于内部的疲劳破坏都是从试样中间最小直径处发生,其长度范围大约为 7 mm,由于两种钢的密度基本相等,所以根据材料的密度可以算出 60Si2CrVA 钢和 50CrV4 钢的单个试样实际检测体积的质量约为 0.4 g。实验中,60Si2CrVA 钢疲劳试样数为 85 支,累计检测体积的质量约 0.35 kg。而 50CrV4 钢试样数为 30 支,累计检测体积的质量约为 0.012 kg。

表 8-1 利用作图法确定 SEV 和 GPD 方法中的参数值

Table 8-1 The parameters of SEV and GPD methods determined by the plotting method

钢 种	方法	SEV			GPD	
		α	λ	σ'	ξ	u
商业 60Si2CrVA	作图法	1.63	3.35	1.88	-0.055	3.0
洁净 50CrV4	作图法	0.51	1.82	1.33	-0.11	1.5

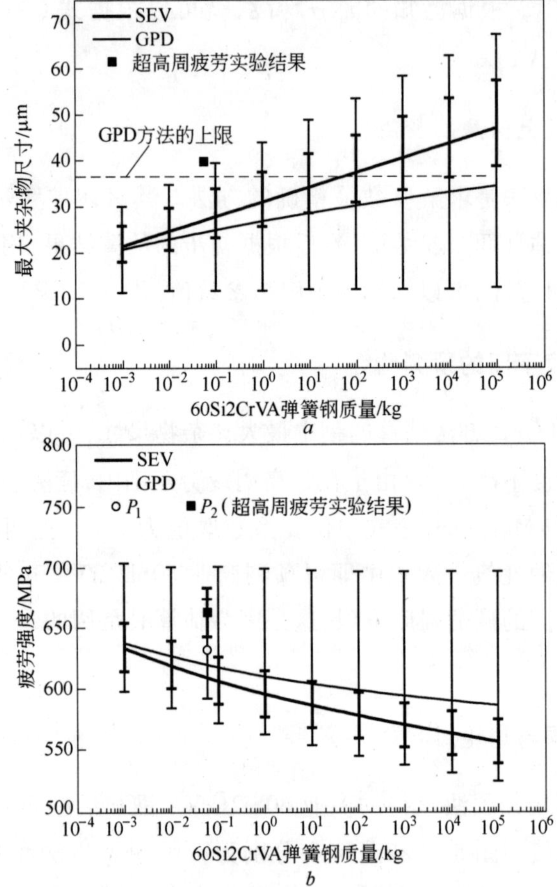

图 8-7 SEV 和 GPD 方法估计不同体积 60Si2CrVA 钢中最大夹杂物尺寸和疲劳强度下限值，并与实验结果进行对比

a—最大夹杂物尺寸；*b*—疲劳强度下限值（P_1 和 P_2 代表不同加工状态）

Fig. 8-7 The maximum inclusion size and lower bound of fatigue strength in different volumes of 60Si2CrVA steel estimated by the SEV and GPD methods and comparison of the predictions with experiment results

a—maximum inclusion size; *b*—fatigue strength（P_1 and P_2 indicate different processing procedures）

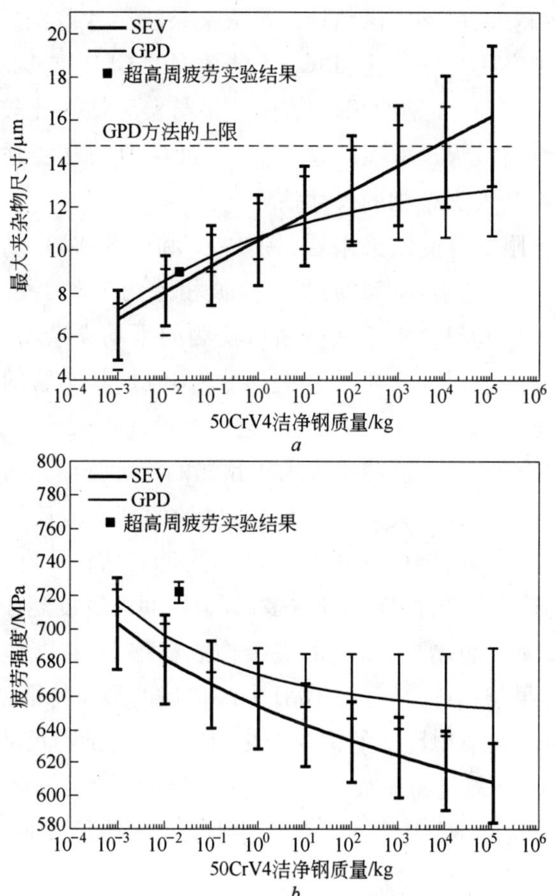

图 8-8 SEV 和 GPD 方法估计不同体积 50CrV4 钢中最大夹杂物尺寸和疲劳强度下限值,并与实验结果进行对比

a—最大夹杂物尺寸;*b*—疲劳强度下限值

Fig. 8-8 The maximum inclusion size and lower bound of fatigue strength in different volumes of 50CrV4 steel estimated by the SEV and GPD methods and comparison of the predictions with experiment results

a—maximum inclusion size; *b*—fatigue strength

由图 8-7*a* 和图 8-8*a* 可以看出,利用 SEV 方法估计的最大夹杂物尺寸随估计钢的体积呈线性关系增加,体积越大,估计的最大夹杂物尺寸越大,即最大夹杂物尺寸随着体积的增加可以无限增大,这与实际情况不符合。而利用 GPD 方法估计的主要特征是随着钢体积的增大,估计的最大夹杂物尺寸不是无限增加的,而是存在一个极限值,该极限值由式 8-20 表达;并且估计的最大夹杂物尺寸与钢的体积并不是呈线性关系。但是,两种估计方法在较小的体积范围,估算结

果非常接近；体积越大，两种方法估计的最大夹杂物尺寸差别越大。与疲劳实验断口检测的最大夹杂物尺寸相比，50CrV4 洁净钢的 GPD 方法估计结果与实验结果比较接近，而 60Si2CrVA 钢的 SEV 估算结果与实验结果比较吻合。这也说明 SEV 方法适用于含有较大尺寸夹杂物的估算，而 GPD 方法更适用于估计含有小夹杂物的洁净钢中最大夹杂物的尺寸估算。

由疲劳强度下限估算的结果来看（图 8-7*b* 和图 8-8*b*），估计结果低于超高周疲劳的实验结果，大约低 50 MPa，与实验值相差约 7%。我们知道，由于本研究中估计的最大夹杂物尺寸大于疲劳断口检测的平均夹杂物尺寸，虽然疲劳断口的为数极少的夹杂物尺寸大于估算的尺寸值，但是其实验的疲劳强度取决于钢中实际起疲劳破坏作用的所有夹杂物，它们的尺寸不大于最大夹杂物尺寸，所以相对来说疲劳实验获得的疲劳强度大于预测的疲劳强度是可以理解的。

SEV 方法估算钢中的最大夹杂物尺寸，估计的精度取决于检测的试样面积与夹杂物的个数和外推的钢的体积[217]；试样数量对估计尺寸的影响较小，但是对置信区间影响比较明显，试样数量越多，置信区间的宽度越小；同时，外推的体积越大，置信区间宽度也增加，检测的夹杂物数量越多，越能体现钢中夹杂物的实际情况，估算结果越精确[204,223]。GPD 方法估计的最大特征就是当参数 ξ 为负值时，存在一个最大夹杂物尺寸的估计上限，估计的夹杂物尺寸永远小于该极限值。在炼钢过程中，当氧化物夹杂形核长大到一定尺寸时，就会上浮到钢液表面，被清除出去。所以实际钢件中的夹杂物尺寸不会是随体积增加而无限增大的。

8.3.5　钢中最大夹杂物尺寸估计的重要意义

利用统计方法估算钢中的最大夹杂物尺寸，可以了解比检测视场更大体积内的最大夹杂物尺寸，比传统的检测方法能够提供更多夹杂物的信息，具有非常实用的价值和意义。估计的数据结果，可以作为炼钢过程中减小夹杂物尺寸的依据，以改善炼钢工艺，提高钢材的质量。此外，估计的结果为预测钢的最低疲劳强度提供了基础，对于工程应用同样也具有重要的意义，可以帮助工程设计人员预测构件的强度和服役寿命。GPD 方法估计的最大夹杂物尺寸上限为那些要求其夹杂物尺寸低于某个临界值的构件具有特别重要的意义，并且还可以估算其钢中夹杂物尺寸大于临界值的概率等，这是以往传统金相法无法实现的。

8.4　小　　结

本章小结如下所述：

（1）统计极值（SEV）和广义帕雷托分布（GPD）方法可以有效地估计较大体积高强度钢中的最大夹杂物尺寸。SEV 估算方法比较适用于估算含有较大尺寸夹杂物的钢，而 GPD 估算方法则比较适用于估计含有小夹杂物的洁净钢。

（2）SEV 方法估计的最大夹杂物尺寸与钢的体积呈线性关系，外推体积越大，最大夹杂物尺寸越大；而 GPD 方法存在一个最大夹杂物尺寸的估计上限，估计的夹杂物尺寸永远小于该极限值。在小体积范围内，两种方法估计的结果基本一致，但是随着估计体积的增加，估计结果差别增大。在 95% 置信区间内，外推体积越大，置信区间的宽度增加。

（3）根据估计的最大夹杂物尺寸可以预测钢的最低疲劳强度。与超高周疲劳实验求得的钢的疲劳强度相比，预测值低于实验值。说明利用该方法估算最低疲劳强度具有一定的有效性。

（4）最大夹杂物尺寸的估计和最低疲劳强度的预测结果与超高周疲劳实验结果基本一致。60SiCrVA 钢疲劳断口的最大夹杂物尺寸略大于同体积下估算的最大夹杂物尺寸，而 50CrV4 洁净钢的估计结果与实验结果比较一致。预测的最低疲劳强度低于超高周疲劳实验的实际强度，误差较小。

9 成功探索与今后需要研究的一些问题

经过国际、国内同行与我们973课题组多年的研究，对夹杂物影响高强度钢的超高周疲劳行为的问题已经有了较深入的认识。本课题组根据大量的实验，经过充分分析，提出了改进机械制造用高强钢的一些思路，并取得良好的结果[224]。当然，在研究的过程中，也发现和遇到了一些问题，我们感到还需要更深入地开展工作。

9.1 高强度钢的长疲劳寿命化的成功探索

在开展上述基础理论研究工作的同时，我们与冶金企业紧密合作，以高强度弹簧钢为典型代表，开展了高强度钢长疲劳寿命化技术的实践探索，即通过**控制夹杂物尺寸和夹杂物变性处理**，抑制高周和超高周疲劳破坏过程中由夹杂物引起的疲劳裂纹源，成功地实现了其疲劳寿命的大幅度提高，并获得了工业化批量生产应用，这就从实践上证实了高强度钢长疲劳寿命化理论的可行性，该技术理论对于未来我国机械制造用钢的工业生产技术水平和产品质量的进一步提升将必然产生一定的促进作用，有助于加快我国从世界钢铁生产大国向钢铁生产强国的转变进程。

下面，就传统弹簧钢的长寿命化的探索作简要介绍。既然钢中夹杂物尺寸是影响高强度钢超高周疲劳破坏的最主要因素，因此，细化夹杂物就成为提高高强度钢疲劳寿命的主要途径。

9.1.1 客运专线弹条用弹簧钢的长疲劳寿命化

近年来，我国掀起了铁路运输提速和高速铁路发展的高潮。铁路运输的高速化对材料应用提出了新的苛刻要求，既要满足高安全性的要求，又要满足长寿命化的要求，同时还要求具有良好的经济性。因此对弹簧等关键部件用材料提出了超长疲劳寿命化的要求。38Si7钢为高速铁路弹条用弹簧钢的主要品种，其主要特点是碳含量较低，以保证钢具有良好的塑性和韧性，同时钢中较高的硅含量又使其强度特别是**弹减抗力**较高，此外简单的成分体系使其具有良好的经济性。

国内某冶金厂 A 采用**电弧炉 + 炉外精炼 + 真空脱气 + 连铸**(EAF + LF + VD + CC)的工艺流程生产 38Si7 钢,在未改进冶金生产工艺特别是夹杂物控制工艺前,由于钢中存在较多粗大的 Al、Ca 等元素的复合氧化物夹杂,加之钢材表面质量氧化膜成分控制不佳,德国福斯罗扣件公司采用其生产的弹条的实物疲劳寿命全部在 35 万次以内(12 个样品),远低于高速铁路的设计要求 300 万次。对此,我们与该企业紧密合作,通过进一步降低杂质元素 O、P、S 的含量以提高钢的纯净度,同时减少夹杂物的数量和控制夹杂物的形态(变性处理);改进连续铸造工艺和铸坯精整,以确保铸坯获得理想的表面和内部质量;此外,优化轧制和轧后控制冷却工艺,防止表面缺陷和脱碳等。这些措施使得生产的 38Si7 钢线材的内部和表面质量得到大幅度改善,采用其生产的弹条实物的疲劳寿命全部达到 300 万次以上,并成功地批量应用在京津、武广客运专线上。

图 9-1 为两种不同冶炼工艺生产的 ϕ13mm 的 38Si7 钢线材的超声波疲劳 *S-N* 曲线,图 9-2 为其典型疲劳断口形貌。可见,两条 *S-N* 曲线明显不同。未改进的传统工艺生产的线材的超高周疲劳断裂除一个试样起裂于表面基体外,其余均起裂于表层或内部的非金属夹杂物。对疲劳源处夹杂物的能谱分析表明,这些夹杂物主要含 Al、Ca、Si、O 等元素,个别含少量的 Mg 等元素,主要为 Al、Ca、Si 的复合氧化物夹杂,夹杂物尺寸范围为 3 ~ 55 μm。改进工艺后生产线材的夹杂物得到明显细化,其 *S-N* 曲线呈台阶式,接近疲劳极限型。在由表面起裂向内部起裂转变的过渡区,出现一个平台;平台及其以上的高应力幅短寿命区,疲劳破坏均起源于试样表面基体;而在平台及其以下的低应力长寿命区,疲劳破坏均起源于试样内部基体,未明显见到夹杂物引起的疲劳断裂。改进工艺后生

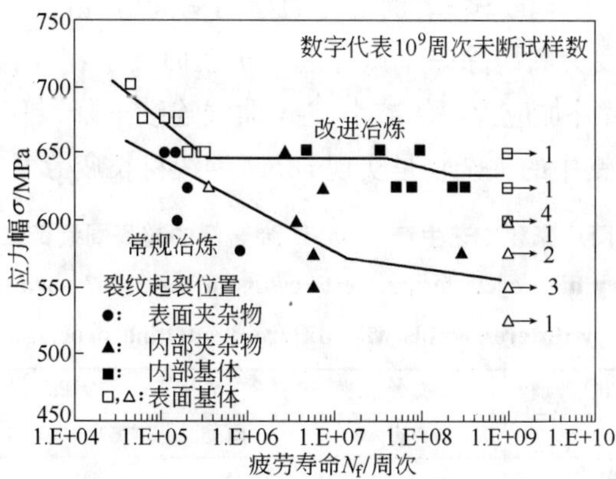

图 9-1 不同冶炼工艺生产的 38Si7 弹簧钢线材的超高周疲劳 *S-N* 曲线(厂家 A)

Fig. 9-1 Very high cycle fatigue *S-N* curves of the 38Si7 spring steels prepared by different smelting processes (Mill A)

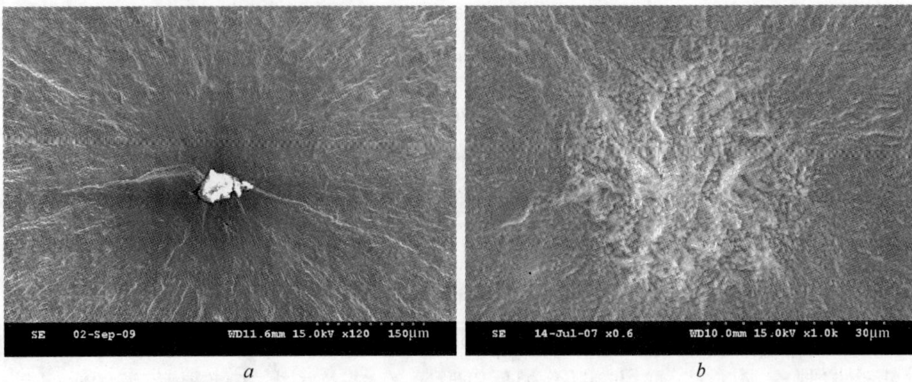

a *b*

图 9-2 不同冶炼工艺生产的 38Si7 弹簧钢线材的典型超高周疲劳断口形貌(厂家 A)

a—常规冶炼, $\sigma_a = 550$ MPa, $N_f = 5.84 \times 10^6$ 周次;

b—改进冶炼工艺后, $\sigma_a = 625$ MPa, $N_f = 3.01 \times 10^8$ 周次

Fig. 9-2 Fractography of the 38Si7 spring steels prepared by different smelting processes (Mill A)

a—conventional smelting process, $\sigma_a = 550$ MPa, $N_f = 5.84 \times 10^6$ cyc;

b—modified smelting process, $\sigma_a = 625$ MPa, $N_f = 3.01 \times 10^8$ cyc

产的线材其疲劳 *S-N* 曲线向上方和右方推移,其疲劳强度得到明显提高。这表明,当改进冶炼工艺后的夹杂物尺寸足够小时,则能够克服由夹杂物引起的疲劳断裂,尽管此时的疲劳断裂转而从内部基体组织处萌生,根据以前的知识,裂纹起源处有可能是微小的小夹杂物团簇,或者成分偏聚区,但由于已经成功地消除了大尺寸的夹杂物,使其疲劳性能得到明显改善。

表 9-1 为不同工艺生产的 38Si7 钢线材的超高周疲劳性能的汇总,表中同时给出了冶金厂 B 生产的 38Si7 钢线材的超高周疲劳性能。由于钢中存在粗大的氧化物夹杂,其疲劳断裂除一个试样起裂于表面夹杂物外,其余均起裂于内部非金属夹杂物,随着外加应力幅的减小,*S-N* 曲线连续下降,超高周疲劳性能很差。这进一步证实细化钢中的夹杂物是实现 38Si7 钢线材长疲劳寿命化的主要途径。

表 9-1 不同厂家和工艺生产的 38Si7 弹簧钢的超高周疲劳试验结果汇总

Table 9-1 Very high cycle fatigue test results of the 38Si7 spring steels prepared by different mills with different smelting processes

生产厂家	工 艺	断口总数	夹杂物起裂	R_m/MPa	σ_{-1p}/MPa	σ_{-1p}/R_m	d_{inc}/μm
厂家 A	改进工艺	14	7(基体)	1485	630	0.424	
	传统工艺	12	5(表层)+6(内部)	1425	573	0.402	3~55 (平均 22.5)
厂家 B		18	17(内部)	1480	540	0.365	16~40 (平均 27.1)

9.1.2 汽车变截面少片簧用长疲劳寿命弹簧钢

目前,在汽车制造中,国外工业化国家已经比较普遍地采用了由一片或两三片纵向变截面弹簧组成的**少片板簧**(few-leaf-spring)来代替传统的纵向等截面多片板簧。由于少片簧承受应力水平的提高和少片簧强度的提高使得少片簧的疲劳性能对其表面和内部缺陷敏感性显著增加,因此国内少片簧仅局限于700~800 MPa以下的低应力水平上,并没有开发出可承受高应力的少片簧,某些少片簧的总厚度和重量甚至比传统的多片板簧还要大。对此,我们与冶金厂、板簧厂及汽车厂紧密合作,在传统弹簧钢60Si2CrVA的基础上,采用新工艺流程开发出长疲劳寿命弹簧钢NHS2,并用其在国内率先开发出设计应力1000~1200 MPa、强度水平≥1860 MPa的高性能变截面少片簧,其疲劳寿命较传统少片簧和进口少片簧得到显著提高。

目前国内弹簧钢仍主要采用电弧炉+炉外精炼+真空脱气+模铸/连铸(EAF+LF+VD+MC/CC)的工艺流程生产,如前所述,尽管通过工艺优化控制,可使弹簧钢的疲劳性能得到明显提高,但一般工业生产时钢中夹杂物特别是粗大夹杂物的去除效果仍不够好。对此,我们与冶金企业合作,采用**转炉+炉外精炼+真空循环脱气+连铸**(BOF+LF+RH+CC)的工艺流程冶炼高洁净度弹簧钢。RH(真空循环脱气)的特点是钢水进入真空室中循环脱气,可有效地降低钢中有害夹杂物的数量。

图9-3是采用上述两种不同工艺流程生产的ϕ18 mm的60Si2CrVA弹簧钢棒材的超高周疲劳*S-N*曲线。在整个寿命区间,两种棒材的超高周疲劳断裂除3个试样外,全部起源于试样表层或内部的非金属夹杂物,均不存在明显的疲劳极限。但是采用BOF+LF+RH+CC工艺生产的棒材的疲劳强度和疲劳寿命明显高于采用EAF+LF+VD+CC工艺生产的棒材。图9-4是疲劳断口上疲劳源处夹杂物尺寸及其分布情况。显然,与采用EAF+LF+VD+CC工艺冶炼的棒材相比,采用BOF+LF+RH+CC工艺冶炼的棒材的夹杂物尺寸明显减小,由原先疲劳断口上裂纹源处夹杂物尺寸大、**分散度**大(10~35 μm,平均约26 μm)降低到尺寸较小,分散度亦小(15~22 μm,平均约19 μm),同时夹杂物的含量亦较少,这是其超高周疲劳性能得到明显提高的主要原因。

表9-2是少片簧国内外同类技术的对比。通过在依维柯系列轻型客车上的实际应用,相对于多片簧,少片簧的重量减轻了20%,设计应力提高了54%,**舒适界限值** *Tcd* 提高了65%,**整车平顺性**提高了10 %左右,与进口件相比每台份降低成本约1200元,具有显著的减重、节能、环保效果,经济效益显著。采用NHS2钢制造的高强度变截面少片簧已自2007年起南京依维柯汽车、合肥江淮

汽车获得批量生产应用，截至2009年8月应用量已达5万件。该项目成果填补了国内空白，获得2008年中国汽车工业科学技术奖三等奖。

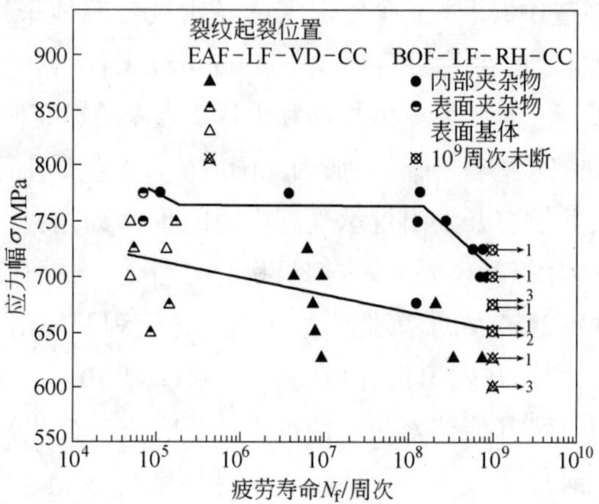

图9-3　两种不同工艺流程生产的60Si2CrVA弹簧钢的超高周疲劳*S-N*曲线

Fig. 9-3　Very high cycle fatigue *S-N* curves of the 60Si2CrVA spring steels prepared by different smelting processes

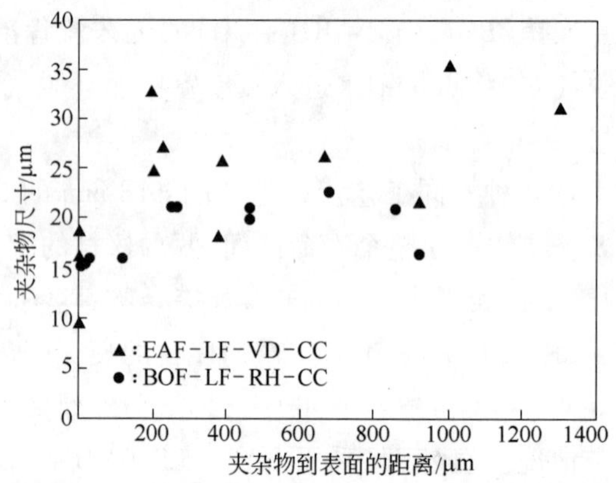

图9-4　两种不同工艺流程生产的60Si2CrVA弹簧钢超高周疲劳源处的夹杂物尺寸及其分布

Fig. 9-4　Size and distribution of inclusions at fatigue origins of the 60Si2CrVA spring steels prepared by different smelting processes

表9-2　少片簧国内外同类产品技术对比

Table 9-2　Comparison of the performance for the few-leaf-springs made by different manufacturers

少片簧类别	传统弹簧钢制少片簧	进口少片簧	NHS2钢制少片簧
强度水平/MPa	≥1330	1550～1750	≥1860
承受应力/MPa	700～800	≥1100	≥1100

续表 9-2

少片簧类别	传统弹簧钢制少片簧	进口少片簧	NHS2 钢制少片簧
疲劳寿命/万次	4~5	10	15~22
装车效果	一般	舒适	舒适
减重效果	不明显	明显	明显
经济效益	一般	价格昂贵	显著

9.2 今后需要研究的一些问题

9.2.1 高强钢疲劳性能的优化

新一代钢铁材料是以细晶为核心,与高洁净度和高均质性共同构成三个主要特征[1]。在前一期国家重点基础研究发展规划项目(973)“新一代钢铁材料重大基础研究”工作中,通过晶粒细化达 5 μm 左右,使低碳钢的强度提高近一倍,并成功地实现工业生产,取得重大的社会与经济效益[225~227]。

通过大量的研究,人们试图将低碳钢晶粒细化到亚微米甚至纳米量级,可以发现,屈服强度 σ_s(或抗拉强度)仍符合 Hall-Petch 关系,即:

$$\sigma_s = \sigma_0 + Kd^{-1/2} \tag{9-1}$$

式中,d 为晶粒尺寸;σ_0与 K 为常数。亚微米晶、纳米晶低碳钢强度可以达到很高,但是随着晶粒的显著细化,以伸长率特别是均匀伸长率 ε_u代表的延性明显下降。均匀伸长率与晶粒尺寸的关系可以归纳为下式[228,229]:

$$\varepsilon_u = a - \frac{1}{B + Cd} \tag{9-2}$$

式中,a、B 与 C 均为常数。

一般金属结构材料往往有这样的趋势,即强度高,延性就差;反之延性好,强度又较低。而人们常常需要既高强又高延性的材料,即高韧性的材料。因此定义**拉伸韧性** T[229],也称**强塑积**,即:

$$T = \sigma_s \varepsilon_u \tag{9-3}$$

也就是拉伸试样缩颈(**塑性失稳**)前单位体积所消耗的能量。分析一些发表的数据,我们发现低碳钢晶粒尺寸在 2~4 μm 时具有最高的拉伸韧性[229]。

对于疲劳性能,我们曾发现在高周或者超高周疲劳条件下,42CrMoVNb 钢的原奥氏体晶粒尺寸在适当的范围具有最好的疲劳性能[142, 230],并非晶粒越细越好。

通过前面的研究,我们认识到,提高疲劳强度,可以通过提高钢材强度(或者硬度)来实现,但是,强度提高,临界夹杂物尺寸变小,高强钢对小夹杂和其他缺陷都敏感起来,反而有可能导致疲劳强度下降,疲劳寿命的数据点分散,恶化疲劳性能。因此对特定钢种必须合理地控制各种组织与力学参数,以获取最优的疲劳性能,这方面的工作还很缺乏。

9.2.2　夹杂物类型与改性

在本书中,不将夹杂物含量作为对高强度钢超长疲劳行为的重要影响因素,主要是因为,目前钢铁工业的冶金水平对高强度钢的洁净度已经达到良好的控制,夹杂物含量已经相对比较低,因此夹杂物含量已经不是洁净钢主要的影响因素[44]。但洁净钢中仍然存在一定量的大夹杂物,虽然量少,但对钢材疲劳强度与寿命的影响,则是灾难性的[44];另外,如果夹杂物含量高,往往其尺寸也大。综合以上原因,夹杂物尺寸就成为控制超高周疲劳破坏的最主要因素。在 Murakami 工作的基础上,本书进一步提出了高强度钢疲劳强度、疲劳寿命与夹杂物尺寸以及氢含量的关系。这无疑会对今后的工作起到一定的推动作用,但还有一些问题需要深入研究。

图 9-5 给出了实验上归纳出的钢中夹杂物直径与疲劳强度降低的关系[231],可见:

(1) 当夹杂物直径小于 3 ~ 5 μm 后,则对疲劳强度没有什么影响,这也是第 5 章所说的临界夹杂物尺寸问题。

(2) 可以明显看出随着夹杂物尺寸增大,疲劳强度明显降低。

(3) 无论是 $Al_2O_3 \cdot CaO$ 类、Al_2O_3类,还是(Ca, Mn)S 类夹杂物,它们虽然对

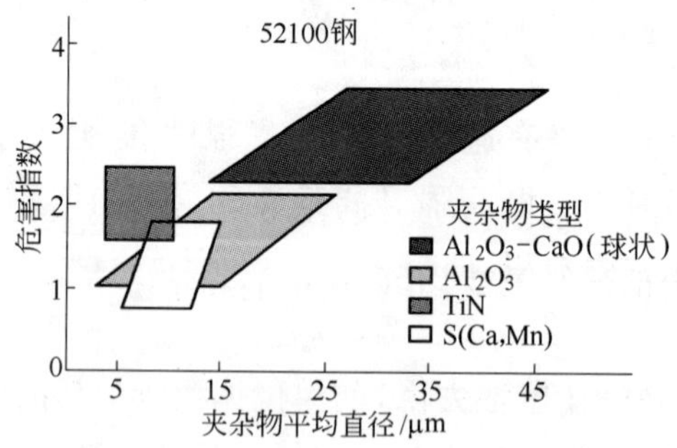

图 9-5　不同种类夹杂物的损害指数(纵轴是指在 $N_f = 10^8$ 循环周次下疲劳强度降低 125 MPa 的倍数)[231]

Fig. 9-5　Harmful index of various inclusions (the y-ordinate scale unit is a decrease in fatigue strength of 125 MPa at $N_f = 10^8$ cycle) [231]

疲劳强度有不同的影响,但主要是由于自身尺寸不同造成的影响;而 TiN 夹杂则有所不同,即使其尺寸较小,但对疲劳强度的降低则是比相同尺寸的其他夹杂物要严重。一般认为 TiN 夹杂物的尖角作用,导致更严重的疲劳强度降低。但也有研究者认为这类夹杂物在断口表面上可能没有暴露出最大尺寸[140],因此观察的结果偏小。对此仍没有定论,需要进一步研究。

目前,虽然可以通过应用各种冶炼工艺制备洁净钢甚至超洁净钢,使夹杂物含量越来越少,尺寸越来越小,但往往成本提高。而另外一个思路,则是将夹杂物改性,即通过改进冶炼工艺,使夹杂物在热加工中较易变形,例如,可以通过渣-钢反应生成较低熔点、容易变形的夹杂物[232],或者降低总氧和控制精炼渣与钢液的组成,使夹杂物成分控制在狭小的塑性夹杂范围内[233],或者加某些元素,例如 Ca,使**夹杂物塑性化**[234]。这些将会对改进钢的疲劳性能起到积极的作用。但目前对夹杂物改性的高强度钢的超高周疲劳研究还远远不够。

另外,从疲劳断口上观察到起裂源处的夹杂物,应该仔细地追溯到冶炼过程该夹杂物产生的原因及规避措施,这方面的工作也亟待加强。

9.2.3 钢基体中软相和其他组织缺陷的作用

本书的研究工作主要集中在对高强度弹簧钢、轴承钢等钢种上,其组织特点主要是比较单一的回火马氏体。对具有比较明显的软硬两相的钢,比如马氏体-铁素体低合金钢(代号 A)和马氏体-奥氏体不锈钢(代号 B)(其化学成分及力学性能分别见表 9-3 和表 9-4[235])。在超高周疲劳过程中,这两种钢均既可以从夹杂物处开裂,也可以从内部基体无明显缺陷处开裂。进一步研究发现主要是从两相合金中的**软相**处开裂,如马氏体-铁素体低合金钢(A)中的铁素体、马氏体-奥氏体不锈钢(B)中的奥氏体[235]。在对贝氏体-马氏体复相钢的疲劳研究中,也发现类似问题[236,237]。另外,即使对回火马氏体高强度钢,在超长疲劳寿命范围,特别是夹杂物尺寸很小时,也可能从基体无明显缺陷处开裂,当然某些元素的偏聚造成局部性能的变化,也很可能导致疲劳开裂。因此,很有必要深入探讨高强度钢中软相以及某些元素的偏聚,以及一些其他组织缺陷对超高周疲劳性能的影响。这些缺陷与夹杂一起在超高周疲劳过程中是如何互相竞争、互相作用来恶化疲劳性能,我们还是远远没有搞清楚的。注意前面所指基体无明显缺陷处,往往是从扫描电镜断口上观察,还非常缺乏更细致的观察。如果从更微观的角度出发,我们应该能够发现某些基体组织缺陷可能对超高周疲劳开裂起重要作用,这项工作比较难,但很有必要开展。

另外,合金化无疑是强化合金、改善疲劳性能的最重要途径之一[238,239],而各种合金元素及有害元素对高强度钢超高周疲劳性能的影响是亟待研究的。

表 9-3 两种双相钢的化学成分(质量分数,%)

Table 9-3 Nominal chemical compositions of two dual-phase steels, martensite-ferrite steel (A) and martensite-austenite steel (B) (wt, %)

钢	Cr	Ni	Mo	Mn	Si	C
A	1.3	2.7	0.25	0.65	0.25	0.23
B	13.5		1.0	0.6	0.4	0.38

注:A 为一种马氏体-铁素体双相钢,B 为一种马氏体-奥氏体双相钢,表 9-4 同。

表 9-4 两种双相钢的力学性能

Table 9-4 Mechanical properties of two dual-phase steels, martensite-ferrite steel (A) and martensite-austenite steel (B)

钢	$R_{p0.2}$/MPa	R_m/MPa	A/%	HV/MPa
A	800 ~ 1000	1200 ~ 1400	15 ~ 20	3800 ~ 4400
B	1468	1968	10.1	5860

9.2.4 如何更有效地评估夹杂物尺寸

用金相的方法评定夹杂物尺寸是最常用的方法,但是与疲劳断口上观察到的夹杂物(往往是有效测试体积中的最大夹杂物)的尺寸差别甚大。在第 8 章中已经介绍了两种基于金相观察但采用统计处理的方法,有望弥合这个巨大差别,但目前看起来还亟须要广泛深入地开展相应工作,制定相关标准,并进行推广。希望在工作实践中不断检验完善。

如果能有效地评估钢中夹杂物尺寸,特别是其均值及分散性等统计量,下一步一个重要工作就是将高强钢超高周疲劳性能的可靠性与夹杂尺寸大小及分布定量地联系起来[240,241]。

例如,适用于描述高周疲劳 $S-N$ 曲线的 Basquin 方程[19],即

$$\sigma_a = \sigma_f'(2N_f)^b \tag{9-4}$$

式中,σ_a 是应力幅;N_f 是疲劳寿命;σ_f' 是疲劳强度系数;b 是 Basquin 指数。我们将其推广到超高周疲劳情况,并获得疲劳强度系数、Basquin 指数与高强度钢基体硬度与夹杂物尺寸的关系[240]:

$$\sigma_f' = 1.12\frac{(\mathrm{HV}+120)^{9/8}}{(\sqrt{area_{in}})^{1/8}} \tag{9-5}$$

$$b = \frac{1}{3}\lg[1.35(\mathrm{HV}+120)^{-\frac{1}{16}}(\sqrt{area_{in}})^{-\frac{1}{48}}] \tag{9-6}$$

这也为夹杂物尺寸影响 $S-N$ 曲线的分散性提供了一定的依据[241]，但仍有很多工作需要做。

在前面第 5 章已经提到，实际实验 S-N 曲线的各个阶段往往并不特别明晰，而是有一定的分散性与重叠，这是由多种因素决定的。其中夹杂物尺寸的分散性很可能是造成 S-N 数据点的分散性的重要原因之一。还有试样表面光洁度、残余应力的大小[242]等都可能对 S-N 曲线水平台阶的高低长短及数据分散性有一定影响。这些都需要进一步研究。

9.2.5 实验频率影响与试样发热问题

高强度钢超高周疲劳研究的必要性已毋庸置疑。为了能有效地进行研究，目前超高频的超声波疲劳试验机得到了广泛使用。这种疲劳试验机的优点首先是快捷有效；此外在腐蚀环境下使用方便，可开展超低速裂纹扩展研究等[243]。然而，超声波疲劳实验有两个问题需要继续深入研究，即**频率效应与试样发热问题**[99,243]。

目前认为在高应力水平下频率效应显著，而在低应力水平超长疲劳寿命范畴内，再加上良好冷却的条件下则影响不显著[243]，特别是对高强度钢低应力水平时影响不大。但是迄今为止有关频率效应的理论考虑还很欠缺，需要进一步的工作。

与频率效应连带的问题，则是试样的发热问题。最近，Ranc 等[244]的研究表明，单位裂纹长度每周次的耗散热 ε，与材料的屈服强度 σ_y 和应力强度因子范围 ΔK 有关：

$$\varepsilon = \eta \frac{\Delta K^4}{24^2 \pi^2 \sigma_y^4} = \eta \frac{a^2 \Delta\sigma^4}{36\pi^4 \sigma_y^4} \tag{9-7}$$

式中，η 为与材料有关的系数；$\Delta\sigma$ 为应力幅；a 为与时间相关的裂纹半径，可写为：

$$a = \frac{a_0}{\left(1 - \frac{bft}{2a_0}\right)^2} \tag{9-8}$$

式中，a_0 为初始裂纹半径；b 为位错 Burgers 矢量的模；f 为频率；t 为时间。他们认为发热主要还是裂纹很长以后，快接近断裂时才严重产生。当然，屈服强度低，外加应力大，也是试样发热的重要原因。经过大量的研究发现，一些双相钢[245]和一般碳素钢包括 70 号钢一般发热都比较严重，除了强度偏低以外，位错与碳在钢中受到高频往复应力的作用是否起某种**能量耗散**的作用，有必要进一步探索。

9.2.6 超高周疲劳实验合作研究

近年来,我国超高周疲劳研究已经取得长足的进步[246~250],各个研究组在不同研究背景与基金课题的资助下,开始了比较独立的研究工作,在各个相关课题中也起到很好的作用。在目前我国工业高速发展的背景下,金属材料超高周疲劳研究的需要越来越迫切,我们感觉到,应该加强合作,共同开展超高周疲劳实验方面一些共性问题的研究。

首先,对高强度钢高周和超高周疲劳试验来说,即使同一炉试样,旋转弯曲疲劳的实验结果与轴向拉压疲劳的实验结果就会有较大的偏差。因为疲劳实验机不同,试样的尺寸与形状就往往不同,因而试样可能受力状态不同;另外如果试样尺寸不同,随着试样被测试体积的增加,试样中出现非金属夹杂物、孔隙、组织缺陷、微观裂纹等的几率增加,从而增加了疲劳断裂的几率,导致疲劳强度下降。对这种尺寸效应已经进行了很多研究[251~254],而在夹杂物起重要作用的高强度钢超高周疲劳范畴内,这个效应更应该考虑[254],因为需要做大量的不同材料的疲劳实验,很有必要多个单位联合研究。

用超声波实验机作疲劳实验,为我们打开了研究超高周疲劳的方便之门,大量的研究结果表明,超声波疲劳实验,至少为我们开发改进高强度钢的疲劳性能起到良好的作用。当然,由于频率很高,和一些常规构件使用频率是有较大差别的,这种加速的试验方法,与传统常规的疲劳试验结果的差别,应该做进一步的研究,以便作对比与修正。在超声波疲劳试验机上进行高周与超高周疲劳试验,结果需要进一步考核,提出修正标准,这也需要多个单位的联合研究。

在适当的时机,我国应该制定高强金属材料超高周疲劳试验的标准。

超高周疲劳研究的出现与广泛应用,必将为冶金、机械专业人员与疲劳工作者提出新的机遇与挑战,随着新的疲劳现象的发现与了解,新的试验方法的开发与完善,材质优良、制造精密的机械设备和结构其长期安全可靠的使用将进一步得到保证,而材料疲劳问题的挑战,则是永无止境。

参 考 文 献

[1] 翁宇庆,等. 超细晶钢——钢的组织细化理论与控制技术[M]. 北京:冶金工业出版社,2003.

[2] 徐灏. 疲劳强度[M]. 北京:高等教育出版社,1988.

[3] Wang Q Y(王清远),Berard J Y, Dubarre A, et al. Gigacycle fatigue of ferrous alloys[J]. Fatigue and Fracture of Engineering Materials and Structures, 1999, 22: 667 ~ 672.

[4] Bathias C, Drouillac L, Francois P Le. How and why the fatigue *S-N* curve does not approach a horizontal asymptote[J]. International Journal of Fatigue, 2001, 23: 143 ~ 151.

[5] Tanaka K, Akiniwa Y. Fatigue crack propagation behavior derived from *S-N* data in very high cycle regime[J]. Fatigue and Fracture of Engineering Materials and Structure, 2002, 25: 775 ~ 784.

[6] Furuya Y, Matsuoka S, Abe T, et al. Gigacycle fatigue properties for high-strength low-alloy steel at 100 Hz, 600 Hz, and 20 kHz[J]. Scripta Materialia, 2002, 46: 157 ~ 162.

[7] Marines I, Dominguez G, Baudry G, et al. Ultrasonic fatigue tests on bearing steel AISI-SAE 52100 at frequency of 20 and 30 kHz[J]. International Journal of fatigue, 2003, 25: 1037 ~ 1046.

[8] Itoga H, Tokaji K, Nakajima M, et al. Effect of surface roughness on step-wise *S-N* characteristics in high strength steel[J]. International Journal of Fatigue, 2003, 25: 379 ~ 385.

[9] Chapetti M D, Tagawa T, Miyata T. Ultra-long cycle fatigue of high-strength carbon steels part Ⅰ: review and analysis of the mechanism of failure[J]. Materials Science and Engineering, 2003, A356: 227 ~ 235.

[10] Chapetti M D, Tagawa T, Miyata T. Ultra-long cycle fatigue of high-strength carbon steels part Ⅱ: estimation of fatigue limit for failure from internal inclusions[J]. Materials Science and Engineering, 2003, A356: 236 ~ 244.

[11] Yang Z G (杨振国), Li S X, Zhang J M, et al. The fatigue behaviors of zero-inclusion and commercial 42CrMo steels in the super-long fatigue life regime[J]. Acta Materialia, 2004, 52: 5235 ~ 5241.

[12] Furuya Y, Matsuoka S, Abe T. Inclusion-controlled fatigue properties of 1800 MPa-class spring steels[J]. Metallurgical and Materials Transactions, 2004, 35A: 3737 ~ 3744.

[13] Furuya Y, Matsuoka S. Gigacycle fatigue properties of a modified-ausformed Si-Mn steel and effects of microstructure[J]. Metallurgical and Materials Transactions, 2004, 35A: 1715 ~ 1723.

[14] Nishijima S, Kanazawa K. Stepwise *S-N* curve and fish-eye failure in gigacycle fatigue[J]. Fatigue and Fracture of Engineering Materials and Structures, 1999, 22: 601 ~ 607.

[15] Ochi Y, Matsumura T, Masaki K, et al. High-cycle rotating bending fatigue property in

very long-life regime of high-strength steels[J]. Fatigue and Fracture of Engineering Materials and Structures, 2002, 25: 823 ~ 830.

[16] Suresh S. 材料的疲劳[M]. 王中光等译. 北京: 国防工业出版社,1999.

[17] Ewing J A, Rosenhain W. Experiments in micro-metallurgy: effects of stress[J]. Preliminary notice. Philosophical Transactions of the Royal Society, London, 1900, A199: 85 ~ 90.

[18] Ewing J A, Humfrey J C. The fracture of metals under rapid alterations of stress[J]. Philosophical Transactions of the Royal Society, London, 1903, A200: 241 ~ 246.

[19] Basquin O H. The exponential law of endurance tests[J]. Proceeding of the American Society for Testing and Materials, 1910, 10: 625 ~ 630.

[20] Bairstow L. The elastic limits of iron and steel under cyclic variations of stress[J]. Philosophical Transactions of the Royal Society, London, 1910, 210: 35 ~ 55.

[21] Thompson N, Wadsworth N J, Louat N. The origin of fatigue fracture in copper[J]. Philosophical Magazine, 1956, 1: 113 ~ 126.

[22] Zappfe C, Worden C O. Fractographic registration of fatigue[J]. Transactions of the American Society for Metals. 1951, 43: 958 ~ 969.

[23] Coffin L F. A study of the effects of cyclic thermal stresses on a ductile metal[J]. Transactions of the American Society of Mechanical Engineers, 1954, 76: 931 ~ 950.

[24] Manson S S, Brown W F. Time-temperature-stress relations for the correlation and extrapolation of stress-rupture data[J]. Proceedings American Society for Testing Materials , 1953, 53: 693 ~ 719.

[25] Paris P C, Erdogan F. A critical analysis of crack propagation laws[J]. Journal of Basic Engineering, 1976, 85: 528 ~ 534.

[26] 王清远, 王中光, 李守新. 高速铁路关键材料超长寿命疲劳断裂性能[J]. 机车电传动, 2003, 增刊: 28 ~ 31.

[27] 刘根来. 炼钢原理与工艺[M]. 北京:冶金工业出版社,2004.

[28] 包燕平,冯捷. 钢铁冶金学教程[M]. 北京:冶金工业出版社,2008.

[29] 董履仁,刘新华. 钢中大型非金属夹杂物[M]. 北京:冶金工业出版社,1991.

[30] 李为镠. 钢中非金属夹杂物[M]. 北京:冶金工业出版社,1988.

[31] 尹安远,吴素君. 钢中非金属夹杂物的鉴定[J]. 理化检验——物理分册,2007,43: 395 ~ 398.

[32] 国家质量监督检验检疫总局,国家标准化管理委员会. 钢中非金属夹杂物含量的测定标准评级图显微检验法(GB/T 10561 - 2005)[M]. 北京:中国标准出版社,2005.

[33] Lund T, Akesson J. Effect of steel manufacturing processes on the quality of bearing steels [J]. ASTM STP987. Philadelphia, USA: ASTM, 1988:40 ~ 60.

[34] Johansson S. Effect of steel manufacturing processes on the quality of bearing steels[J]. ASTM STP987. Philadelphia, USA: ASTM, 1988:250 ~ 259.

[35] Cabalín L M, Mateo M P, Laserna J J. Large area mapping of non-metallic inclusions in stainless steel by an automated system based on laser ablation[J]. Spectrochimica Acta Part B: Atomic Spectroscopy, 2004, 59: 567 ~ 575.

[36] 惠卫军,董瀚,曾新光,等. 超纯洁弹簧钢[J]. 钢铁,1999,34:68 ~ 72.

[37] Darmon M. Calmon P, Bèle B. An integrated model to simulate the scattering of ultrasounds by inclusions in steels[J]. Ultrasonics, 2004, 42: 237 ~ 241.

[38] Cornish R. Assessment of inclusion distribution in steels using a microprocessor controlled ultrasonic scanning systems[J]. Non-Destructive Testing, 1983, 20: 23 ~ 27.

[39] Norwood J I, Cummings R. Ultrasonic detection locates non-metallic inclusions[J]. Iron and Steel Engineer, 1965, 42: 21 ~ 24.

[40] Ogilvy J A. A model for the effects of inclusions on ultrasonic inspection[J]. Ultrasonics, 1993, 31: 219 ~ 222.

[41] Culverwell I D, Ogilvy J A. Scattering of ultrasound from clusters of inclusions[J]. Ultrasonics, 1992, 30: 8 ~ 14.

[42] Zakharov V A, Chulkina A A, Ulyanov A I, et al. Inclusion of the effect of the gap between an attached device and the product in magnetic-structure inspection[J]. Russian Journal of Nondestructive Testing, 30 (1994) 440 ~ 447.

[43] Dwivedi S N, Sharan A. Development of knowledge-based engineering module for diagnosis of defects in casting and interpretation of defects by nondestructive testing[J]. Journal of Materials Processing Technology, 2003, 141: 155 ~ 162.

[44] Atkinson H V, Shi G. Characterization of inclusions in clean steels: a review including the statistics of extremes methods[J]. Progress in Materials Science, 2003, 48: 457 ~ 520.

[45] Neu P, Piggi P, Sarter B. Measurements of non-metallic inclusion in clean steels. In Proceeding of the 3rd International Conference of "Clean Steels", London: the Institute of Metals, 1987, 99 ~ 102.

[46] LeBret J B, Norton M G, Bahr D F. Examination of crystal defects with high-kV X-ray computed tomography[J]. Materials Letters, 2005, 59: 1113 ~ 1116.

[47] Dijk J, Manneveld D, Rabenberg J M. In plant assessment steel cleanliness in continously cast slabs and hot rolled coils[J]. Ironmaking and Steelmaking, 1993, 20:75 ~ 80.

[48] Ellis J D, Grieveson P, West D R F. Inclusion metal interfacial effects in electron-beam button melting of superalloys[J]. Interfaces II, Materials Science Forum, 1995, 189: 423 ~ 428.

[49] Halali M, McLean M, West D R F. Effects of flux additions on inclusion removal and microstructure in electron beam button melting of Udimet 720[J]. Materials Science and Technology, 2000, 16: 457 ~ 462.

[50] Quested N, Hayes D M, Mills K C. Factors affecting raft formation in electron beam buttons

[J]. Materials Science and Engineering, 1993, 173A: 369 ~ 377.

[51] Kondon H, Toh T, Uemori R, et al. Rapid evaluation of inclusion in steel by use of cold crucible levitation melting[J]. Tetsu To Hagane-Journal of the Iron and Steel Institute of Japan, 2003, 89: 1000 ~ 1004.

[52] Li Z B(李振邦), Xue Z L. Super clean steel and zero inclusion steel[J]. Rare Metal Materials and Engineering, 2001, 30 : 69 ~ 73.

[53] Hagiwara T, Kawami A, Ueno A, et al. Super-clean steel for valve spring quality[J]. 1991, Wire J Inter, 4: 29.

[54] 盐饱洁,小新井治郎,山田凯郎,と. 超清净 ばね用钢[J]. R·D 神户制钢技报, 1985, 35(4):79.

[55] Murakami Y. Inclusion rating by statistics of extreme values and its application to fatigue strength prediction and quality control of materials[J]. Journal of Research of the National Institute of Standard and Technology, 1994, 99: 345 ~ 351.

[56] Beretta S, Murakami Y. Statistical analysis of defects for fatigue strength prediction and quality control of materials[J]. Fatigue and Fracture of Engineering Materials and Structure, 1998, 21: 1049 ~ 1065.

[57] Atkinson C W, Shi G, Atkinson H V, et al. Interrelationship between statistical methods for estimating the size of the maximum inclusion in clean steels[J]. Acta Materialia, 2003, 51: 2331 ~ 2334.

[58] Shi G, Atkinson H V, Sellars C M, et al. Application of the generalized Pareto distribution to the estimation of the size of the maximum inclusion in clean steels[J]. Acta Materialia, 1999, 47: 1455 ~ 1468.

[59] Shi G, Atkinson H V, Sellars C M, et al. Computer simulation of the estimation of the maximum inclusion size in clean steels by the generalized Pareto distribution method[J]. Acta Materialia, 2001, 49: 1813 ~ 1820.

[60] Garwood M F, Gensamer M, Zurburg H H, et al. Interpretation of Tests and Correlation with Service[J]. American Society for Metal, 1951. 1 ~ 12.

[61] Nishijima S. Statistical analysis of fatigue test data[J]. J. Soc. Mater. Sci. Japan. 1980, 29: 24 ~ 29.

[62] Furuya Y, Matsuoka S. Improvement of gigacycle fatigue properties by modified ausforming in 1600 and 2000 MPa-class low-alloy steels[J]. Metall Mater Trans A, 2002, 33A(11): 3421 ~ 3431.

[63] 方钟惠,译. SKF 钢公司生产的阀门弹簧钢丝. 冶金工业部特钢情报网译文集, 1992,12: 1 ~ 11.

[64] 惠卫军,董瀚,陈思联. 非金属夹杂物和表面状态对高强度弹簧钢疲劳性能的影响[J]. 特殊钢,1998, 19(6):8 ~ 14.

[65] 张德堂. 钢中非金属夹杂物鉴别[M]. 北京:国防工业出版社,1994,283.

[66] Lankford J. Effect of oxide inclusions on fatigue failure[J]. International Metals Reviews, 1977, 22: 221 ~ 228.

[67] Kawahara J, Tanabe K, Banno T, et al. The development of valve springs[J]. Wire Journal International, 1992, 12:112.

[68] 饭久保知人,伊藤幸生,林博昭,と. Effects of non-metallic inclusions on fatigue properties of ultra-clean spring steels(in Japanese)[J]. 电气制钢,1986, 57:23 ~ 32.

[69] Schlicht H, Schreiber E, Zwirlein O. Effect of steel manufacturing process on the quality of bearing steels[J]. ASTM STP987. Philadelphia, USA: American Society for Testing and Materials, 1988:61 ~ 80.

[70] Monnol J, Heritier B, Cogne J Y. Effect of steel manufacturing process on the quality of bearing steels[J]. ASTM STP987. Philadelphia, USA: American Society for Testing and Materials, 1988:149 ~ 164.

[71] Waudby P E, Pickering F B. Inclusions[J]. UK, Monograph: Institution of Metallurgists, 1979, 3: 95 ~ 107.

[72] Tanaka K, Mura T. A dislocation model for fatigue crack initiation[J]. Journal of Applied Mechanics, 1981, 48: 97 ~ 102.

[73] Tanaka K, Mura T. A theory of fatigue crack initiation at inclusions[J]. Metallurgical Transaction, 1982, 13A : 117 ~ 123.

[74] Chang R, Morris W L, Buck O. Fatigue crack nucleation at intermetallic particles in alloys—A dislocation pile-up model[J]. Scripta Metallurgical, 1979, 13: 191 ~ 194.

[75] Morris W L, James M N. Statistical aspect of fatigue crack nucleation from particles[J]. Metallurgical and Materials Transactions, 1980, 11A: 850 ~ 851.

[76] Murakami Y, Mura T, Kobayashi M. Change of dislocation structures and macroscopic conditions from initial state to fatigue crack nucleation[J]. In Basic Questions in Fatigue, ASTM STP924, Philadelphia, USA: American Society for Testing and Materials, 1988, 1: 39 ~ 63.

[77] Murakami Y, Sakae C, Ichimaru K. Three-dimension fracture mechanics analysis of pit formation mechanism under lubricated rolling-sliding contact loading[J]. Tribology Transactions, 1994, 37: 445 ~ 454.

[78] Murakami Y, Kodama S, Konuma S. Quantitative evaluation of effects of non-metallic inclusions on fatigue strength of high strength steels. Ⅰ: Basic fatigue mechanism and evaluation of correlation between the fatigue fracture stress and the size and location of non-metallic inclusions [J]. Internal Journal of Fatigue, 1989, 11: 291 ~ 298.

[79] Murakami Y, Usuki H. Quantitative evaluation of effects of non-metallic inclusions on fatigue strength of high strength steels. Ⅱ: Fatigue limit evaluation based on statistics for extreme val-

ues of inclusion size[J]. Internal Journal of Fatigue, 1989, 11: 299 ~ 307.

[80] Murakami Y, Endo M. Quantitative evaluation of fatigue strength of metals containing various small defects of cracks[J]. Engineering Fracture Mechanics, 1983, 17: 1 ~ 15.

[81] Bathias C, Paris P C. Gigacycle Fatigue in Mechanical Practice[M]. New York: Marcel Dekker, 2005.

[82] 王弘. 40Cr、50 车轴钢超高周疲劳性能研究及其疲劳断裂机理探讨[D]. 成都:西南交通大学,2004.

[83] Manson W P. Piezoelectric crystals and their applications[M]. New York: Van Nostrand, 1950, 161 ~ 164.

[84] Neppiras E A. Techniques and equipment for fatigue testing at very high frequencies[J]. Proceedings ASTM 59. Philadelphia: ASTM, 1959, 691 ~ 710.

[85] Mitsche R. Hochfrequenzkinematographie in der metallforschung[J]. Wissenschaftlicher film, 1974, 14: 3 ~ 10.

[86] Bathias C, Idrissi K, Wu T Y. Influence of mean stress on Ti6Al4V fatigue crack growth at very high frequency[J]. Journal of Engineering Fracture Mechanics, 1997, 56: 255 ~ 264.

[87] Ni J G(倪金刚). Fatigue crack growth under ultrasonic fatigue loading[J]. Fatigue and Fracture of Engineering Materials and Structures, 1997, 20: 23 ~ 28.

[88] Bonis J, Bathias C. The gigacyclic fatigue of nickel-base alloys[J]. 35th Annual Technical Meeting. Pullman, WA USA: Society of Engineering Science, 1998.

[89] Jago G, Bechet J. Influence of microstructure of $(\alpha + \beta)$ Ti-6. 2. 4. 6 alloy on high -cycle fatigue and tensile test behavior[J]. Fatigue and Fracture of Engineering Materials and Structures, 1999, 22: 647 ~ 655.

[90] Ganzales M. A system set-up for high-cycle fatigue of composites (MMCs) at 20 kHz under 3-point bending. France: Rapport duitma ~ CNAM, 1998.

[91] Kanazawa K, Nishijima S. Fatigue fracture of low alloy steel at ultra-high-cycle region under elevated temperature condition[J]. Journal of the Society of Materials Science, 1997, 46: 1396 ~ 1401.

[92] Stanzl-tschegg S E. Fracture mechanisms and fracture mechanics at ultrasonic frequencies[J]. Fatigue and Fracture of Engineering Materials and Structures, 1999, 22: 567 ~ 579.

[93] Zettl B, Mayer H, Stanzl-tschegg S E. Fatigue properties of Al-1Mg-0. 6Si foam at low and ultrasonic frequencies[J]. International Journal of Fatigue, 2001, 23: 565 ~ 573.

[94] Stanzl-tschegg S E. Mayer H R, Tschegg E K. High frequency method for torsion fatigue testing[J]. Journal of Ultrasonics, 1993, 31: 275 ~ 281.

[95] 王弘. 超声疲劳技术与材料超高周次疲劳性能的研究[J]. 学术动态,2003, 2: 35 ~ 36.

[96] 闫桂玲,王弘,高庆. 平均应力对 50 钢超高周疲劳性能的影响[J]. 机械工程材料, 2006, 30:14 ~ 18.

[97] 鲁连涛,张卫华. 高碳铬轴承钢的超长寿命疲劳行为的研究[J]. 机械工程学报,2005,41:143~148.

[98] 王清远. 超声加速疲劳实验研究[J]. 四川大学学报,2002,34:6~11.

[99] 王清远,宁交贤,袁祥明,等. 超长寿命热-超声疲劳行为[J]. 实验力学,2002,17:483~487.

[100] 聂义宏,惠卫军,傅万堂,等. 中碳高强度弹簧钢 NHS1 超高周疲劳破坏行为[J]. 金属学报,2007,43:1031~1036.

[101] 赵海民,陈思联,郝立群,等. 2000 MPa 高强度钢的超高周疲劳破坏行为[J]. 特殊钢,2008,29:13~15.

[102] 张继明,杨振国,李守新,等. 汽车用高强度弹簧钢 54SiCrV6 和 54SiCr6 的超高周疲劳行为[J]. 金属学报,2006,42:259~264.

[103] 李永德,杨振国,李守新,等. GCr15 轴承钢夹杂与超高周疲劳性能的相关性[J]. 金属学报,2008,44:968~972.

[104] 陶华,薛红前. 铝合金超声疲劳行为研究[J]. 机械强度,2005,27:236~239.

[105] 姚卫星,郭盛杰. LC4CS 铝合金的超高周疲劳寿命分布[J]. 金属学报,2007,43:399~403.

[106] 吴良晨,王东坡,邓彩艳,等. 超长寿命区间 16Mn 钢焊接接头疲劳性能[J]. 焊接学报,2008,29:117~120.

[107] 李治彬,孙俊岭,胡向亮,等. 船用 65Mn 钢高周疲劳强度研究[J]. 应用科技,2007,34:54~56.

[108] 邵红红,陈光. 合金钢超声工具头超声疲劳寿命研究[J]. 农业机械学报,2004,35:185~188.

[109] Sakai T, Takeda M, Shiozawa K, et al. Experimental evidence of duplex *S-N* characteristic's in wide life region for high strength steels[C]. Proceedings 7th International Fatigue Congress (Fatigue'99). Beijing: High Education Press(China)and Emas(UK), 1999,573~578.

[110] 周承恩,洪友士. GCr15 钢超高周疲劳行为的实验研究[J]. 机械强度,2004,26:(S) 157~160.

[111] 高庆. 40Cr 钢超高周疲劳性能及疲劳断口分析[J]. 中国铁道科学,2003,24: 93~98.

[112] 陶华. 超声疲劳研究综述[J]. 航空科学技术,1997, 6 : 23~25.

[113] Bathias C. A survey of the progress of the piezoelectric fatigue machines concept[C]. Proceedings of the Eighth International Fatigue Congress, Editor: A. F. Blom. Stockholm, Sweden:2002,2963~2970.

[114] Furuya Y, Matsuok S, Abe T. A novel inclusion inspection method employing 20 kHz fatigue testing[J]. Metallurgical and Materials Transactions, 2003, 34A: 2517~2526.

[115] 高庆. 超声疲劳试验方法在 40Cr 钢疲劳性能研究中的应用[J]. 机械工程材料,2003,12: 29~31.

[116] 薛红前,陶华,Bathias C. 超声疲劳试样设计[J]. 航空学报,2004,25(4):425 ~428.

[117] Mayer H. Fatigue crack growth and threshold measurements at very high frequencies[J]. International Materials Reviews, 1999, 44: 1 ~34.

[118] Murakami Y. Mechanism of fatigue failure in ultralong life regime and application to fatigue design[J]. Fatigue and Fracture of Engineering Materials and Structures, 2002, 15: 2927 ~2938.

[119] Takai K, Homma Y, Izutsu K, et al. Identification of trapping sites in high-strength steels by secondary ion mass spectrometry for thermally desorbed hydrogen[J]. Journal of the Japan Institute of Metals, 1996, 60(12): 1155 ~1162.

[120] Shiozawa K, Morii Y, Nishino S, et al. Subsurface crack initiation and propagation mechanism in high-strength steel in a very high cycle fatigue regime[J]. Int J Fatigue, 2006, 28: 1521 ~1532.

[121] Sakai T, Takeda M, Shiozawa K, et al. Experimental reconfirmation of characteristic *S-N* property for high carbon chromium bearing steel in wide life region in rotating bending[J]. Journal of the Society of Materials Science, Japan. 2000, 49;779 ~785 .

[122] Miller K J, O'Donnell W J. The fatigue limit and its elimination[J]. Fatigue and Fracture of Engineering Materials and Structures, 1999, 22: 545 ~557.

[123] Masuda C, Isii A, Nishijima S, et al. Heat-to-heat variation in fatigue strength of SCr420 carburized steels[J]. Trans JSME, Part A, 1985, 51(464):847 ~852.

[124] Nishijima S. Statistical fatigue properties of some heat-treated steels for machine structural use [J]. ASTM STP 744, Philadelphia, USA: American Society for Testing and Materials, 1981:75 ~88.

[125] Shiozawa K, Lu L, Ishihara S. *S-N* curve characteristics and subsurface crack initiation behavior in ultra-long life fatigue of a high carbon-chromium bearing steel[J]. Fatigue and Fracture of Engineering Materials and Structures, 2002, 25: 813 ~822.

[126] Umezawa O, Nagai K. Deformation structure and subsurface fatigue crack generation in austenitic steels at low temperature[J]. Metallurgical and Materials Science A - Physical Metallurgy and Materials Science, 1998, 29: 809 ~822.

[127] Wang Q Y (王清远), Bathias C, Kawagoishi N, et al. Effect of inclusion on subsurface crack initiation and gigacycle fatigue strength[J]. International Journal of Fatigue, 2002, 24: 1269 ~1274.

[128] Stanzl S, Tschegg E. Influence of environment on fatigue crack growth in the threshold region [J]. Acta. Metal, 1981, 29: 21 ~32.

[129] Bathias C. There is no infinite fatigue life in metallic materials[J]. Fatigue and Fracture of Engineering Materials and Structures, 1999, 22: 559 ~565.

[130] Murakami Y, Nomoto T, Ueda T. Factors influencing the mechanism of superlong fatigue fail-

ure in steels[J]. Fatigue and Fracture of Engineering Materials and Structures, 1999, 22: 581 ~ 590.

[131] Murakami T, Matsunaga H. Effect of hydrogen on high cycle fatigue properties of stainless steels and other steels used for fuel cell system[C]. Proceedings of the Third International Conference on Very High Cycle Fatigue. Berlin: Springer, 2004, 322 ~ 333.

[132] Ritchie R O, Davidson D L, Boyce B L, et al. High-cycle fatigue of Ti-6Al-4V[J]. Fatigue and Fracture of Engineering Materials and Structures, 1999, 22:621 ~ 631.

[133] Holappa L, Helle A S. Inclusion Control in High-performance Steels[J]. Journal of Processing Technology, 1995, 53: 177 ~ 186.

[134] Kang Y B, Kim H S, Zhang J, et al. Practical application of thermodynamics to inclusions engineering in steel[J]. Journal of Physics and Chemistry of Solids, 2005, 66: 219 ~ 225.

[135] Kiessling R. Non-metall inclusion in steel,Part V[M]. London: Institute of Metals, 1989.

[136] Fukumoto S, Mitchell A. The maufacture of alloys with zero oxide inclusion content[C]. Proceedings of the Vacuum Metallurgy Conference on the Melting and Processing of Specialty Materials. Pittsburgh, USA: 1991, 3 ~ 7.

[137] Kiessling R. Non-metallic inclusions in steel[M]. London: Met Society, 1978, 141 ~ 152.

[138] Klevebring B I,Bogren E,Mahrs R. Determination of the critical inclusion size with respect to void formation during hot working[J]. Met. Trans, 1975, 6A: 319 ~ 327.

[139] Hebsur M G,Abraham K P, Prasad Y V R K. Hot-working Chracteristics of Electroslag-refined EN52 Steel - A Hot-torsion Study[J]. Metals Technol, 1980, 7:. 483 ~ 487.

[140] Murakami Y. Metal Fatigue-Effects of small Defects and Nonmetallic Inclusions[M]. Amsterdam: Elsevier, 2002:6 ~ 7, 314 ~ 316.

[141] Yang Z G(杨振国), Zhang J M, Li S X, et al. On the critical inclusion size of high strength steels under ultra-high cycle fatigue[J]. Mater Sci Eng A 2006, 427A: 167 ~ 174.

[142] Yang Z G (杨振国), Yao G, Li G Y, et al. The effect of inclusions on the fatigue behavior of fine-grained high strength 42CrMoVNb steel[J]. Int J Fatigue, 2004, 26: 959 ~ 966.

[143] Taira S, Tanaka K, Hoshina M. Grain Size Effect on Crack Nucleation and Growth in Long-Life Fatigue of Low-Carbon Steels[J]. ASTM Special Tech Publ 675, Philadelphia, USA: American Society for Testing and Materials, 1979,135.

[144] Morris Jr J W, Guo Z, Krenn C R, et al. The Limits of Strength and Toughness in Steel[J]. ISIJ International, 2001, 41 (6): 599.

[145] Nakagawa T, Ikai Y. Strain aging and the fatigue limit in carbon steel[J]. Fatigue Fract Eng Mater Struct. , 1979, 2: 13 ~ 21.

[146] Nishjima S, Kanazawa K. Stepwise *S-N* curve and fish-eye failure in gigacycle fatigue[J]. Fatigue Fract Eng Mater Struct, 1999, 22: 601 ~ 607.

[147] Mughrabi H. On multi-stage fatigue life diagrams and relevant life-controlling mechanisms in

ultrahigh-cycle fatigue[J]. Fatigue Fract Eng Mater Struct, 2002, 25:755 ~ 764.

[148] Mughrabi H. Special features and mechanisms of fatigue in the ultrahigh-cycle regime[J]. Inter J Fatigue, 2006, 28: 1501 ~ 1508.

[149] Terent'ev V F. Endurance limit of metals and alloys[J]. Metal Sci Heat Treat, 2008, 50: 88 ~ 96.

[150] Murakami Y, Nomoto T, Ueda T, et al. On the mechanism of fatigue failure in the superlong life regime ($N > 10^7$). Part Ⅰ: influence of hydrogen trapped by inclusions[J]. Fatigue Fract Eng Mater and Struct, 2000, 23: 893 ~ 902.

[151] Melander A, Rolfsson M, Noragren A, et al. Influence of inclusion contents on fatigue properties of SAE-52100 bearing steels[J]. Scandinavian Journal of Metallurgy, 1991, 20: 229 ~ 244.

[152] Perkins K M, Bache M R. The influence of inclusions on the fatigue performance of a low pressure turbine blade steel[J]. Inter J Fatigue, 2005, 27: 610 ~ 616.

[153] Furuya Y, Matsuoka S, Kimura T, et al. Effects of inclusion and ODA sizes on gigacycle fatigue properties of high-strength steels[J]. Journal of the Iron and Steel Institute of Japan, 2005, 91: 630 ~ 638.

[154] Zhang J M(张继明), Li S X, Yang Z G, et al. Influence of inclusion size on fatigue behavior of high strength steels in the gigacycle fatigue regime[J]. Inter J Fatigue, 2007, 29: 765 ~ 771.

[155] Brooksbank D, Andrews K W. Thermal expansion of some inclusions found in steels and relation to tessellated stresses[J]. Journal of the Iron and Steel Institute, 1968, 206: 595 ~ 599.

[156] Brooksbank D, Andrews K W. Tessellated stresses associated with some inclusions in steel[J]. Journal of the Iron and Steel Institute, 1969, 207: 474 ~ 483.

[157] Brooksbank D, Andrews K W. Stress fields around inclusions and their relation to mechanical properties[J]. Journal of the Iron and Steel Institute, 1972, 210: 246 ~ 255.

[158] Furuya Y, Abe T, Matsuoka S. 10^{10}-cycle fatigue properties of 1800MPa class JIS-SUP7 spring steel[J]. Fatigue Fract Eng Mater and Struct, 2003, 26: 641 ~ 645.

[159] Wang Q Y(王清远),Zhang H, Sriraman M R, et al. Very long life fatigue behavior of bearing steel AISI 52100[J]. Key Engineering Materials, 2005, 297 ~ 300: 1846 ~ 1851.

[160] Shiozawa K, Lu L, Ishihara S. *S-N* curve characteristics and subsurface crack initiation behavior in ultra-long life fatigue of a high carbon-chromium bearing steel[J]. Fatigue Fract Eng Mater Struct, 2001, 24: 781 ~ 790.

[161] Billaudeau T, Nadot Y. Support for an environmental effect on fatigue mechanisms in the long life regime[J]. Inter J Fatigue, 2004, 26: 839 ~ 847.

[162] Murakami Y, Endo M. Effects of defects, inclusions and inhomogeneities on fatigue strength

[J]. Int. J. Fatigue, 1994, 16: 163 ~ 182.

[163] Murakami Y. Metal Fatigue- Effects of Small Defects and Nonmetallic Inclusions[M]. Amsterdam & Boston: Elsevier, 2002:91.

[164] Liu Y B(柳洋波), Yang Z G, Li Y D, et al. On the formation of GBF of high strength steels in the very high cycle fatigue regime[J]. Mater Sci Eng ,2008, A 497: 408 ~ 415.

[165] Murakami Y. Metal Fatigue- Effects of Small Defects and Nonmetallic Inclusions[M]. Amsterdam & Boston: Elsevier, 2002:4.

[166] Murakami Y. Metal Fatigue- Effects of Small Defects and Nonmetallic Inclusions[M]. Amsterdam & Boston: Elsevier, 2002:17.

[167] Narita N, Shiga T, Higashida K. Crack-impurity interactions and their role in the embrittlement of Fe alloy crystals charged with light elements[J]. Mater Sci Eng, 1994, A 176: 203 ~ 209.

[168] Liu Y B(柳洋波), Yang Z G, Li Y D, et al. Dependence of fatigue strength on inclusion size for high-strength steels in very high cycle fatigue regime[J]. Mater Sci Eng, 2009, A517:180 ~ 184.

[169] Li Y D(李永德), Yang Z G, Liu Y B, et al. The influence of hydrogen on very high cycle fatigue properties of high strength spring steel[J]. Mater Sci Eng,2009, A 489: 373 ~ 379.

[170] Li Y D(李永德), Yang Z G, Li S X, et al. Effect of hydrogen on fatigue strength of high strength steels in the VHCF regime[J]. Advanced Engineering Materials, 2009, 11: 561 ~ 567.

[171] Suresh S. 材料的疲劳[M]. 王中光等译. 北京: 国防工业出版社,1999:436.

[172] 褚武扬,等. 断裂与环境断裂[M]. 北京:科学出版社,2000:150.

[173] Paris P C, Marines-Garcia I, Hertzberg R W, et al. The relationship of effective stress intensity, elastic modulus and Burgers-vector on fatigue crack growth as associated with "fish eye" gigacycle fatigue phenomena[C]. Proceedings of the Third International Conference on Very High Cycle Fatigue. Berlin: Springer, 2004:3 ~ 13.

[174] Marines I, Paris P C, Tada H, et al. Fatigue crack growth from small to long cracks in VHCF with surface initiations[J]. International Journal of Fatigue, 2007, 29: 2072 ~ 2078.

[175] Yang Z G(杨振国), Li S X, Y D Li, et al. Relationship among Fatigue Life, Inclusion Size and Hydrogen Concentration for High Strength Steel in the VHCF Regime[J]. Mater Sci Eng,2010, A527:559 ~ 564.

[176] Yang Z G(杨振国), Li S X, Liu Y B, et al. Estimation of the size of GBF area on fracture surface for high strength steels in very high cycle fatigue regime[J]. International Journal of Fatigue, 2008, 30: 1016 ~ 1023.

[177] Wang Q Y(王清远), Berard J Y, Rathery S, et al. High cycle fatigue crack initiation and propagation behaviors of high strength spring steel wires. Fatigue Fract[J]. Eng. Mater.

Struct, 1999, 22: 673 ~677.

[178] Otsuka T, Hanada H, Nakashima H, et al. Observation of hydrogen distribution around nonmetallic inclusions in steels with tritium microautoradiography[J]. Fusion Science and Technology, 2005; 48: 708 ~711.

[179] Murakami Y, Matsunaga H. The effect of hydrogen on fatigue properties of steels used for fuel cell system[J]. Int J Fatigue, 2006: 28:1509 ~1520.

[180] Sakai T, Sato Y, Nagano Y, et al. Effect of stress ratio on long life fatigue behavior of high carbon chromium bearing steel under axial loading[J]. Int J Fatigue, 2006, 28: 1547 ~1554.

[181] Akiniwa Y, Miyamoto N, Tsuru H, et al. Notch effect on fatigue strength reduction of bearing steel in the very high cycle regime[J]. Int J Fatigue, 2006, 28: 1555 ~1565.

[182] Tanaka K, Nakai Y, Yamashita M. Fatigue growth threshold of small cracks[J]. Int J Fracture , 1981, 17: 519 ~533.

[183] Harrison J D. An analysis of data on non-propagating fatigue cracks on a fracture mechanics base[J]. Metal Construct Br Weld J, 1970, 17: 93 ~98.

[184] Makino T. The effect of inclusion geometry according to forging ratio and metal flow direction on very high-cycle fatigue properties of steel bars[J]. Int J Fatigue, 2008, 30:1409 ~1418.

[185] Marines-Garcia I, Paris P C, Tada H, et al. Fatigue crack growth from small to large cracks on very high cycle fatigue with fish-eye failures[J]. Eng Fract Mech, 2008, 75: 1657 ~1665.

[186] Brinbaum H K, Sofronis P. Hydrogen-enhanced localized plasticity-a mechanism for hydrogen-related fracture[J]. Mater Sci Eng, 1994, A 176:191 ~202.

[187] Oriani R A, Hirth J P, Smialowski M. Hydrogen degradation of ferrous alloys[M]. Park Ridge, USA: Noyes Publ, 1985:763 ~792.

[188] Nakasa K, Takei H, Kajiwara K. Effect of stress wave shape on the crack propagation velocity in cyclic delayed failure[J]. Eng Fract Mech, 1981, 14: 507 ~517.

[189] Tien J K, Richards R J, Buck O, et al. Model of dislocation sweep-in of hydrogen during fatigue crack growth[J]. Scripta Metal, 1975, 9: 1097 ~1101.

[190] Gerberich W W, Livne T, Chen X F, et al. Crack growth from internal hydrogen-temperature and microstructural effects in 4340 steel[J]. Metall Trans A, 1988, 19: 1319 ~1334.

[191] Hirth J P. 1980 Institute of metals lecture, Effects of hydrogen on the properties of iron and steel[J]. Met Trans A, 1980, 11: 861 ~890.

[192] Beachem C D. New model for hydrogen-assisted cracking(hydrogen embrittlement)[J]. Met Trans, 1972, 3: 437 ~451.

[193] Tien J K, Thompson A W, Bernstein I M, et al. Hydrogen transport by dislocation[J]. Met Trans A, 1976, 7: 821 ~829.

[194] Beachem C D. Hydrogen Damage[M]. Ohio, USA: A S M International, Materials Park, 1977:389.

[195] Murakami Y, Nagata J. Effect of hydrogen on high cycle fatigue failure of high strength steel [J]. SCM435. J Soc Mat Sci Japan, 2005,54: 420 ~ 427.

[196] Onyevuenyi O A, Hirth J P. The effect of hydrogen on microhardness of spheroidized AISI 1090 steel[J]. Scripta Met, 1981, 115:113 ~ 118.

[197] Oriani R A, Hirth J P, Smialowski M. Hydrogen degradation of ferrous alloys[M]. Park Ridge USA: ,Noyes Publ, 1985:131 ~ 139.

[198] Nagumo M. Function of hydrogen in embrittlement of high-strength steels[J]. ISIJ International, 2001, 41: 590 ~ 598.

[199] Katano G, Ueyama K, Mori M. Observation of hydrogen distribution in high-strength steel [J]. J Mater Sci, 2001, 36: 2277 ~ 2286.

[200] Bernstein I M, Thompson A W. Hydrogen in metals[C]. Proceedings of an international conference on the effects of hydrogen on materials properties and selection and structural design. Champion Pa USA: ASM, 1973, Ch. 1. 3.

[201] Li Y D(李永德), Chen S M, Liu Y B, et al. The characteristics of granular bright facet in hydrogen precharged and uncharged high strength steels in the very high cycle fatigue regime [J]. J Mater Sci, 2010, 45:831 ~ 841.

[202] Meurling F, Melander A, Tidesten M, et al. Influence of carbide and inclusion contents on the fatigue properties of high speed steels and tool steels[J]. International Journal of Fatigue, 2001, 23 ; 215 ~ 224.

[203] Kaynak C, Ankara A, Baker T J. Inclusion induced anisotropy of short fatigue crack growth in steel[J]. Materials Science and Technology, 1996, 12: 557 ~ 562.

[204] Toriyama T, Murakami Y, Yamashita T, et al. Inclusion rating by statistics of extreme for electron-beam remelted super clean bearing steel and its application to fatigue-strength prediction[J]. Journal of the Iron and Steel Institute of Japan, 1995, 81: 1019 ~ 1024.

[205] Wang Q Y(王清远), Bathias C, Kawagoishi N, et al. Effect of inclusion on subsurface crack initiation and gigacycle fatigue strength[J]. International Journal of Fatigue, 2002, 24:1269 ~ 1274.

[206] Resnik S. Extreme values, regular variation and point processes[M]. London: Springer-Verlag, 1987.

[207] Leadbetter M R. Extremes and related properties of random sequences and processes[M]. New York: Springer-Verlag, 1983.

[208] Anderson C M. The aggregate excess measure of severity of extreme events[J]. Journal of Research of the National Institute of Standards and Technology, 1994, 99: 555 ~ 561.

[209] Anderson C M, Turkman K F. The measurement of averages and extremes environmental vari-

ables[J]. Journal of Research of the National Institute of Standards and Technology, 1994, 99: 563 ~ 569.

[210] Fedele F. Extreme events in nonlinear random seas[J]. Journal of Offshore Mechanics and Arctic Engineering-Transactions of the ASME, 2006, 128: 11 ~ 16.

[211] Scarf P A, Laycock P J. Applications of extreme value theory in corrosion engineering[J]. Journal of Research National Institute Standard and Technology, 1999, 99: 313 ~ 320.

[212] Laycock P J, Scarf P A. Exceedances, extremes, extrapolation and order-statistics for pits, pitting and other localized corrosion phenomena[J]. Corrosion Science, 1993, 35 (1- 4): 135 ~ 145.

[213] Beretta S, Blarasin A, Endo M, et al. Defect tolerant design of automotive components[J]. International Journal of Fatigue, 1997, 19: 319 ~ 333.

[214] Murakami Y, Takada M, Toriyama T. Super-long life tension-compression fatigue properties of quenched and tempered 0. 46% carbon steel[J]. International Journal of Fatigue, 1998, 20: 661 ~ 667.

[215] Shi G, Atkinson H V, Sellars C M, Anderson C W. Maximum inclusion size in two clean steels Part 1 Comparison of maximum size estimates by statistics of extremes and generalised Pareto distribution methods[J]. Ironmaking and Steelmaking, 2000, 27 (5): 355 ~ 360.

[216] Shi G, Atkinson H V, Sellars C M, et al. Maximum inclusion size in two clean steels Part 2 Use of data from cold crucible remelted samples and polished optical cross-sections[J]. Ironmaking and Steelmaking, 2000, 27 (5): 361 ~ 366.

[217] Anderson C W, Shi G, Atkinson H V, et al. The precision of methods using the statistics of extremes for the estimation of the maximum size of inclusions in clean steels[J]. Acta Materialia, 2000, 48 (17): 4235 ~ 4246.

[218] Atkinson H V, Shi G, Sellars C M, et al. Statistical prediction of inclusion sizes in clean steels[J]. Materials Science and Technology, 2000, 16 (10):1175 ~ 1180.

[219] Shi G, Atkinson H V, Sellars C M, et al. Comparison of extreme value statistics methods for predicting maximum inclusion size in clean steels[J]. Ironmaking and Steelmaking, 1999, 26 (4): 239 ~ 246.

[220] 胡艳萍,王开远. 浅析《钢中非金属夹杂物含量的测定 标准评级图显微检验法》(GB/T10561—2005)新标准[J]. 钢结构,2007,22(9):99 ~ 104.

[221] 张建锋. 42CrMo 钢的超长寿命疲劳性能与最大夹杂的评估[D]. 沈阳:东北大学,2005.

[222] Zhang J M (张继明), Zhang J F, Yang Z G, et al. Estimation of maximum inclusion size and fatigue strength in high-strength ADF1 steel[J]. Materials Science and Engineering, 2005, A394: 126 ~ 131.

[223] Murakami Y, Toriyama T, Koyasu Y, et al. Effects of chemical-composition of nonmetallic

inclusions on fatigue-strength of high-strength steels[J]. Tetsu to Hagane-Journal of the Iron and Steel Institute of Japan, 1993, 79: 678 ~ 684.

[224] 惠卫军,翁宇庆. 国家重大基础研究项目《提高钢铁质量和使用寿命的冶金学基础研究》子课题《长疲劳寿命机械制造用高强度钢的研究》的课题总结. 北京,2009.

[225] 翁宇庆,等. 超细晶钢——钢的组织细化理论与控制技术[M]. 北京:冶金工业出版社,2003,521.

[226] 赵志华,杜林秀,胡燕慧,等. 400 MPa 级超细晶粒钢的力学性能[J]. 机械工程材料,2004,10:35 ~ 40.

[227] Dong H(董瀚), Sun X J, Hui W J, et al. Grain refinement in steels and the application trials in China[J]. ISIJ International, 2008, 48:1126 ~ 1132 .

[228] Li S X(李守新), Li G Y, Weng Y Q. A simple model for the strength and elongation of low carbon steels[J]. Z Metallkd, 2004, 95:115 ~ 119.

[229] Li S X(李守新), Cui G R. Dependence of strength, elongation and toughness on grain size in metallic structural materials[J]. J Appl Phys, 2007, 101: 083525.

[230] 张永健,惠卫军,项金钟,等. 晶粒尺寸对42CrMoVNb 钢超高周疲劳性能的影响[J]. 金属学报,2009,45:880 ~ 886.

[231] Monnot J, Heritier B, Cogne J Y. Relationship of melting practice, Inclusion type and size with fatigue resistance of bearing steels[J]. ASTM STP 987. Philadelphia, PA: Amer. Soc. for Test Mat. , 1988,149 ~ 165.

[232] 王新华,陈斌,姜敏,等. 渣-钢反应对高强度合金结构钢中生成较低熔点非金属夹杂物的影响[J]. 钢铁,2008,43:28 ~ 32.

[233] 高文芳,赵继宇,易卫东,等. 钢中非金属夹杂物塑性化研究[J]. 炼钢,2008,24:22 ~ 26.

[234] Lis T. Modification of oxygen and sulfur inclusions in steel by calcium treatment[J]. Metalurgija, 2009, 48: 95 ~ 98.

[235] Chai G. The formation of subsurface non-defect fatigue crack origins[J]. Inter J Fatigue, 2006, 28: 1533 ~ 1539.

[236] Wei D Y(韦东远), Gu J L, Fang H S, et al. Fatigue behavior of 1500 MPa bainite/martensite duplex-phase high strength steel[J]. Inte J Fatigue. 2004, 26: 437 ~ 442.

[237] Nie Y H,(聂义宏), Fu W T, Hui W J, et al. Very high cycle fatigue behaviour of 2000-MPa ultra-high-strength spring steel with bainite-martensite duplex microstructure[J]. Fatigue and Fracture of Engineering Materials and Structures, 2009,32:189 ~ 196.

[238] 查小琴,惠卫军,雍岐龙,等. 钒对中碳非调质钢疲劳性能的影响[J]. 金属学报,2007,43:719 ~ 723.

[239] Ma L(马莉), Wang M Q, Shi J, et al. Influence of niobium microalloying on rotating bending fatigue properties of case carburized steels[J]. Mater Sci Eng, 2008, 498A: 258 ~

265.

[240] Liu Y B(柳洋波), Li Y D, Li S X, et al. Prediction of S-N curves of high strength steels in the very high cycle fatigue regime[J]. Inter J Fatigue, 2010, 32: 1351 ~ 1357.

[241] Liu Y B(柳洋波), Li Y D, Li S X, et al. Effects of inclusion size distribution on the scatter of S-N curve of high strength steel in the very high cycle regime. To be published.

[242] Shiozawa K, Hasegawa T, Kashiwagi Y, et al. Very high cycle properties of bearing steel under axial loading condition[J]. Inter J Fatigue, 2009, 31: 880 ~ 888.

[243] Ebara R. The present situation and future problems in ultrasonic fatigue testing-mainly reviewed on environmental effects and materials' screening[J]. Inter J Fatigue, 2006, 28: 1465 ~ 1470.

[244] Ranc N, Wagner D, Paris P C. Study of thermal effects associated with propagation during very high cycle fatigue tests[J]. Acta Mater, 2008, 56: 4012 ~ 4021.

[245] Liu Y B(柳洋波), Li S X, Yang Z G, et al. Thermal effect of bainite/martensite duplex-phase steel under ultrasonic fatigue testing[J]. J Mater Sci, 2010,45:2553 ~ 2557.

[246] 王清远．超高强度钢十亿周疲劳研究[J]．机械强度,2002,24:81 ~ 83.

[247] 鲁连涛,张卫华．金属材料超高周疲劳研究综述[J]．机械强度,2005,27:388 ~ 394.

[248] 薛红前,陶华．20 kHz 频率下高强度钢超高周疲劳研究[J]．机械工程材料,2005,29: 12 ~ 15.

[249] 李守新．夹杂对高强钢超高周疲劳行为的影响[J]．鞍钢技术,2007, 344:1 ~ 6.

[250] 洪友士,赵爱国,钱桂安．合金材料超高周疲劳行为的基本特征和影响[J]．金属学报, 2009, 45:769 ~ 780.

[251] Bazant Z P. Size effect in blunt fracture-concrete, rock, metal[J]. Journal of Engineering Mechanics-ASCE. 1984,110:518 ~ 535.

[252] Carpinteri A. Decrease of apparent tensile and bending strength with specimen size-2. different explanations based on fracture mechanics[J]. Int J Solids Struc, 1989, 25: 407 ~ 429.

[253] Frost N, Marsh K, Pook L. Metal Fatigue[M]. Oxford-New York: Dover Publications, 1999:54.

[254] 陈树铭,李永德,柳洋波,等．不同循环加载条件下 54SiCr6 的疲劳强度[J]．金属学报, 2009,45:428 ~ 433.

后　记

本书作者感谢国家重点基础研究发展规划项目(973)对本课题(编号2004CB619104)的资助!

李守新感谢自己的导师师昌绪先生,是在师先生教导下,学生投身到这一领域,试图为国家传统关键基础材料质量水平的提高贡献力量。

李守新、杨振国感谢翁宇庆首席对本课题的具体指导,比如,临界夹杂问题,夹杂物尺寸与疲劳寿命问题等,都是他具体提出问题与设想的;感谢钢研总院惠卫军主任在研究工作中的大力支持与通力合作。感谢中科院金属所沈阳材料科学国家实验室卢柯主任在研究组课题方向与超声波疲劳试验机购置方面的有力支持;感谢王中光、张哲峰两位疲劳研究部老、新领导的一贯支持,特别是张哲峰主任还对本书的出版给予了资助。感谢金属所李广义老师的多年尽心支持;感谢姚戈、温井龙在疲劳实验方面给予长期的帮助,感谢苏会合、高薇在扫描电镜试验方面给予长期的帮助。感谢博士研究生张继明、李永德、柳洋波、庞建超和硕士研究生张建锋、陈树铭等对本课题研究工作的重要贡献。感谢金属所戎立建主任、杨柯主任在充氢试验方面给予的多方面帮助;感谢北京科技大学王新华教授、清华大学白秉哲教授在课题合作中的热情帮助;感谢四川大学王清远教授多年来的支持;感谢西南交通大学鲁连涛研究员、王弘教授的支持;感谢东北大学晁月盛教授的支持。感谢东北特钢高惠菊副总、辽阳克索弹簧公司纪文杰副总、宝钢特钢公司殷匠总工在实验料方面给予的支持。

翁宇庆、惠卫军感谢钢研总院合金结构钢研究室研发团队的大力支持与鼓励,感谢这个团队提供相应的工作条件和经费支持,特别感谢时捷、王毛球等的支持和参与;感谢博士研究生聂义宏、班丽丽及硕士研究生付书红、查晓琴、赵海民、孙曼丽、张永健、郝立群、王琼、马莉等对本研究工作的辛勤付出。本书中的工业实验料和生产试制工作得到了宝钢股份公司、兴澄特种钢铁公司、南京钢铁集团公司、南京依维柯汽车公司、南京工程学院和安庆汽车板簧集团公司等的大力支持和紧密合作,特别要感谢刘湘江、李英、王德炯、赵秀明、王磊、汪志贤等的热情支持和密切合作。

感谢所有对本课题做过贡献又不能一一在此提名的朋友和同事。

作　者

2010 年 1 月

术语索引

冶金工业出版社部分图书推荐